"十二五"普通高等教育本科国家级规划教材

U0316782

结构力学（第6版）

下册

李廉锟 主编

高等教育出版社·北京

内容提要

本书是"十二五"普通高等教育本科国家级规划教材,是在第5版的基础上根据教育部高等学校力学教学指导委员会力学基础课程教学指导分委员会最新制订的《结构力学课程教学基本要求(A类)》并结合近年教学改革成果修订而成。新版教材保持了原书内容系统、理论联系实际和深入浅出的风格,采用双色印刷,并通过二维码引入了结构力学数字化教学资源。

全书分上下两册,共15章。上册包括绪论、平面体系的机动分析、静定梁与静定刚架、静定拱、静定平面桁架、结构位移计算、力法、位移法、渐近法、矩阵位移法和影响线及其应用等11章及附录;下册包括结构动力学、结构弹性稳定、结构的极限荷载和悬索计算等4章及附录。全书各章均附有复习思考题和习题及部分答案;上下册各附有自测题两套供测试参考。

本书可作为高等学校土建、水利、力学等专业的教材,也可供有关工程技术人员参考。

图书在版编目(CIP)数据

结构力学. 下册 / 李廉锟主编. --6 版. --北京:高等教育出版社,2017.7(2020.10重印)

ISBN 978 - 7 - 04 - 047974 - 4

Ⅰ.①结… Ⅱ.①李… Ⅲ.①结构力学 – 高等学校 – 教材 Ⅳ.①O342

中国版本图书馆 CIP 数据核字(2017)第 151767 号

策划编辑	水 渊	责任编辑	水 渊	封面设计	李卫青	版式设计	徐艳妮
插图绘制	杜晓丹	责任校对	高 歌	责任印制	刁 毅		

出版发行	高等教育出版社	网 址	http://www.hep.edu.cn	
社 址	北京市西城区德外大街 4 号		http://www.hep.com.cn	
邮政编码	100120	网上订购	http://www.hepmall.com.cn	
印 刷	山东韵杰文化科技有限公司		http://www.hepmall.com	
开 本	787mm×960mm 1/16		http://www.hepmall.cn	
印 张	12.75	版 次	1979 年 7 月第 1 版	
字 数	210 千字		2017 年 7 月第 6 版	
购书热线	010-58581118	印 次	2020 年 10 月第 8 次印刷	
咨询电话	400-810-0598	定 价	25.90 元	

本书如有缺页、倒页、脱页等质量问题,请到所购图书销售部门联系调换

版权所有 侵权必究

物料号 47974 – 00

与本书配套的数字课程资源使用说明

与本书配套的数字课程资源发布在高等教育出版社易课程网站,请登录网站后开始课程学习。

一、网站登录

1. 访问 http://abook.hep.com.cn/1254011,点击"注册"。在注册页面输入用户名、密码及常用的邮箱进行注册。已注册的用户直接输入用户名和密码登录即可进入"我的课程"界面。

2. 点击"我的课程"页面右上方"绑定课程",按网站提示输入教材封底防伪标签上的数字,点击"确定"完成课程绑定。

3. 在"正在学习"列表中选择已绑定的课程,点击"进入课程"即可浏览或下载与本书配套的课程资源。刚绑定的课程请在"申请学习"列表中选择相应课程并点击"进入课程"。

账号自登录之日起一年内有效,过期作废。

二、资源使用

本书配套了结构力学课程教学的数字资源。数字资源包括各章学习要点、一些重点、难点、扩大知识面的参考知识点和工程实例,以图片、动画、文字等形式提供给读者,可供教师上课和学生学习之用。这些资源以二维码的形式在书中出现,扫描后即可观看。

第 6 版 序

本书是"十二五"普通高等教育本科国家级规划教材,是在第 5 版的基础上,结合近年教学改革成果修订而成。新版教材保持了原书内容系统、理论联系实际和深入浅出的风格,对个别章节内容进行了适当加强或删减,修正了一些错误,融入了当今"互联网+"的表现形式,体现了课程的发展规律。

本次修订内容主要有:

1. 第一章增加了《§1-2 结构力学的发展历史》,以使读者对结构力学这门学科的发展历程有一个完整的认识。对虚功原理作了更详细的介绍,第六章增加了《§6-2 刚体体系的虚功原理及应用》,有助于读者对刚体、变形体虚功原理(包括虚力原理和虚位移原理)的理解和运用。我国是世界高铁大国和强国,结构力学教材迫切需要反映高铁工程实际。因此,本书在第十一章《§11-8 铁路和公路的标准荷载制》中增加了我国高速铁路设计活载——ZK 活载内容。第十三章《§13-1 概述》中增加了既不属于第一类失稳,又不属于第二类失稳的第三类失稳形式(跃越失稳)的介绍。

2. 为适应"互联网+"发展,对本书中各章学习要点、一些重点、难点、扩大知识面的参考知识点和工程实例,采取二维码(包含图片、动画、文字等)的形式提供给读者。

3. 删去原书《附录 I 平面刚架静力分析程序》,增加了《附录 I 基于MATLAB GUI 开发的平面刚架静力分析程序》,该程序具有人机图形交互和自动绘制内力图功能,操作简单,使用方便。

4. 对书中某些文字叙述和数学公式推导作了修改。如第九章"劲度系数"改为"转动刚度"。为与有关新规范一致,将第十一章§11-12 节中"$(1+\mu)$ 冲击系数"改为"$(1+\mu)$ 动力系数",μ 称为冲击系数。第十二章中"阻力系数"改为"阻尼系数","归准化"改为"归一化","干扰力"改为"激振力",§12-4 节式(12-21)改为欧拉公式推导更简洁明了,等等。

5. 章节标题、重点内容及重要概念、图号、表头等均以蓝色标示,增加可读性。

本书第 6 版的修订工作由黄方林教授主持。参加具体修订工作的是周德(第一章,第三章,第五章),殷勇(第二章,第八章),鲁四平(第四章,第六章),侯文崎(第七章,第十一章),张晔芝(第九章,第十章),肖方红(第十二章),黄方林(第十三章至第十五章,上、下册附录),罗如登参加了第五章、第七章前期修订工作。

　　本书第 6 版原稿承蒙许多兄弟院校教师同仁提出不少宝贵建议,在此一并表示衷心感谢。

　　限于编者水平,书中难免存在不足之处,欢迎读者批评指正。

编　者

2017 年 3 月

第 5 版 序

本书第 5 版是"十二五"普通高等教育本科国家级规划教材,是在第 4 版的基础上,根据教育部高等学校力学基础课程教学指导分委员会制订的最新"结构力学课程教学基本要求"和教学改革的新成果修订而成。修订后的新版教材仍保持原书内容取材适宜,叙述精练,由浅入深,联系实际,符合课程的认知和发展规律等特点,同时注意按照教材市场需求和教材发展的需要进行适当的创新。

本次修订的内容主要有:

1. 在章节内容方面进行了两处微调。一是在第十一章影响线及其应用中增加了影响线与内力图的区别部分内容,以提升影响线概念的教学力度。二是在第十二章结构动力学中增加了"多自由度结构在任意荷载作用下的受迫振动"和"地震作用计算"两节,增加前一节的目的是希望有助于本章论述内容趋于完整,同时也为后一节的介绍提供部分支撑;而增加后一节的动机则是希望在结构动力学的学习中铺垫台阶,以利转入后续抗震专业课程的学习。尽管本书中"地震作用计算"一节的内容完全限于传统的结构动力学基本理论范畴,但仍加了 * 号,建议作为选学章节。

2. 为了适应教学实际情况和需要,将第 4 版中的十二章与十四章的位置和序号作了对调。

3. 增补了部分复习思考题、例题和习题。

本书第 5 版的修订由李廉锟主持;参加具体修订工作的是陆铁坚(第一章至第六章,上册附录Ⅰ、Ⅱ),陈玉骥(第七章至第十一章)和杨仕德(第十二章至第十五章,上册附录Ⅲ和下册附录Ⅰ、Ⅱ);缪加玉、钟桂岳和卢同立参加了修订前期工作,缪加玉并为修订方案提供了系统的书面意见。

本书第 5 版原稿承北京建筑工程学院刘世奎教授审阅,提出了不少宝贵的建设性意见;使用本书第 4 版的许多院校教师同仁也对本书的改善和提高提出了不少有益的建议。所有这些意见和建议均对本书第 5 版的定稿提供了重要的支持和帮助,我们在此一并表示衷心感谢。

限于作者能力和水平,书中难免存在不足之处,欢迎读者批评指正。

编 者
2009 年 9 月

第 4 版 序

本书(第 4 版)为普通高等教育"十五"国家级规划教材,是在第三版的基础上根据近年来课程改革发展需要修订而成的。修订时保持了原书取材精练、简明流畅的风格,注意扩大专业适应面,内容符合教育部审定的"结构力学课程教学基本要求"。本书可作为土木工程类、水利工程类各专业及工程力学等专业的教材,也可供有关工程技术人员参考。

本次修订的内容主要有以下几个方面:

(1) 按照国家标准 GB 3100～3102—93《量和单位》修改了原书的符号,其中最主要的是集中荷载、反力和内力用 F 作为主符号,其特性用下标(不够时再添上标)表示,例如剪力和轴力分别以 F_S 和 F_N 表示,而在不致引起混淆的前提下尽量不添下标;同时依据全国自然科学名词审定委员会 1993 年公布的《力学名词》统一了书中的名词术语。

(2) 在内容调整方面,将影响线及其应用一章挪到上册的最后,这使其前面的内容衔接更为顺当一些;考虑到力法的实际应用日渐减少,删去了力法应用一章,其中仍需保留的部分作如下处理:超静定拱并入力法一章并只简述其计算原理,超静定影响线则放到影响线及其应用一章中。

(3) 对少数章节作了不同程度的改写,在原来坡度略陡的地方补充了少量论述或例题,此外增添了一些适合建筑工程的内容和例子。在渐近法一章中,删去了冗繁的力矩分配法与位移法的联合应用一节,而增加了适合房屋刚架简便计算的剪力分配法。原平面刚架静力分析程序一章改作附录,增加了处理铰结点的功能,输入数据的项目和格式则保持不变;删去了用以解释源程序的大部篇幅,而只着重介绍程序的功能、结构和使用。书中带星号 * 的部分仍是供选学的内容。

第 4 版修订工作由主编李廉锟主持进行;参加修订的有缪加玉(第一至六章,附录 I 平面刚架静力分析程序,自测题),陈玉骥(第七至十一章),杨仕德(第十二至十五章);钟桂岳、卢同立参加了修订方案的研讨并校阅了修订初稿。

本书第 4 版书稿承西安建筑科技大学刘铮教授审阅,审阅中对书稿提出了不少宝贵的意见。此外,多年来使用本书的许多院校的教师们,先后提出过许多建议。所有这些,使本次修订工作和最后定稿获益匪浅,在此向他们致以衷心的感谢。

限于编者水平,书中不足处,欢迎继续批评指正。

编　者
2004 年 1 月

第 3 版 序

本书第二版曾获国家教委优秀教材二等奖,第三版是在其基础上,根据国家教委审定的《结构力学课程教学基本要求》和十余年来教学改革的情况修订而成的,本书可作为道桥类专业教材,亦可作土建、水利类专业教材。

在第三版中,删去了三铰拱和桁架内力的图解法、位移计算中的弹性荷载法以及用此法绘制超静定桁架和无铰拱的影响线等内容;将第二版中的超静定梁及超静定桁架和超静定拱两章,精简合并为一章——力法应用;新增了平面刚架静力分析程序、结构的极限荷载及悬索计算等三章;其余章节亦有不同程度的改写;各章(除第一章外)均增设了复习思考题;对习题也作了少量调整和补充;带 * 和 * * 的章节属选学内容,可根据具体情况取舍;带 * 的习题则是配合选学内容的或是较难的。此外,上、下册各附有两组自测题(取材于编者历年自命试题),供教学参考。

第三版仍由李廉锟教授主编,参加修订工作的有缪加玉(第一至七章、十二章、十三章、附录),钟桂岳(第八至十章),卢同立(第十四至十六章),杨仕德(第十一、十七章),陆铁坚(部分思考题及习题)。

本书第三版由清华大学包世华教授和北方交通大学赵如骝副教授审阅,并请同济大学李明昭教授和长沙铁道学院曾庆元教授审阅了悬索计算内容。审阅人对原稿提出了很多宝贵的意见;兰州铁道学院、北方交通大学等单位的教师们,对本书第二版及这次修订工作提出了不少中肯的建议。所有这些,对第三版的定稿起了重要作用,在此一并致以诚挚的感谢!

限于编者水平,书中难免有疏漏和不妥之处,恳望读者指正。

编　者
一九九四年九月

第 2 版 序

本书是在湖南大学、西南交通大学、长沙铁道学院合编、李廉锟主编的第一版的基础上，根据一九八〇年五月教育部高等学校工科力学教材编审委员会结构力学编审小组审订的《结构力学教学大纲(草案)》修订的，适用于铁道工程、公路工程、桥梁及隧道等专业，亦可供土建、水利类专业参考。

本书与第一版比较，删去了矩阵力法原理及有限单元法基础两章，其他章节大部分作了增删或改写。书中带星号的部分是供选学的内容，可按不同专业和学时取舍。带星号的习题是配合选学内容的或是较难的。大部分习题附有答案，可供查对。

本次修订工作由长沙铁道学院担任，李廉锟任主编，执笔的有李廉锟(第十三、十五章)、缪加玉(第一至七章、第十二章)、钟桂岳(第八至十一章、第十四章)，欧阳炎、卢同立分别参加了第十三、十四章的部分修订工作，杨仕德校阅了部分书稿及习题答案。

本书第二版由北方交通大学陈英俊、王道堂同志和同济大学李明昭同志担任主审，清华大学龙驭球同志复审，同济大学、西南交通大学、西安公路学院、长沙交通学院等院校的代表参加了审稿会，审阅者对第二版原稿提出了很多宝贵的意见，此外，兰州铁道学院等兄弟院校的教师亦提出了不少中肯的建议，在此一并表示衷心的感谢。

由于编者水平所限，书中一定还有许多不当之处，恳望读者指正。

编 者

一九八三年十月

第1版序

本书是根据一九七七年十一月高等学校工科基础课力学教材会议上讨论的铁道工程、公路工程、桥梁与隧道等专业用结构力学教材编写大纲,由湖南大学、西南交通大学、长沙铁道学院联合编写的。

本书注意了吸取以往有关教材的长处和多年来的教学经验,力图保持结构力学基本理论的系统性和贯彻"少而精"、理论联系实际及由浅入深等原则;同时,考虑到现代科学技术的发展,适当介绍了一部分新内容。

书中带有星号的部分及小字排印的内容在教学过程中根据具体情况可以考虑删去。此外,使用本书的教师们还可按各专业的不同需要和情况的发展变化,删去和补充若干内容。

参加本书编写工作的有西南交通大学唐昌荣、杜正国、区锐容(第一~六章),长沙铁道学院李廉锟、缪加玉(第七~十二章和第十四章),湖南大学刘光栋(第十五~十七章)、李存权(第十三章)等同志,由李廉锟同志担任主编。

编写过程是先分工执笔并经教研室讨论修改而写出初稿,然后经审稿会议审议,再由各编写单位共同讨论后分头修改,最后由主编定稿。

担任本书主审的北方交通大学陈英俊、西安公路学院何福照等同志,以及上海铁道学院、兰州铁道学院、同济大学、哈尔滨建筑工程学院、重庆建筑工程学院、南京工学院等兄弟院校的代表,参加了审稿会议,提出了许多宝贵意见,郑州工学院寿楠椿同志也寄来了很好的意见。对此,我们表示衷心的感谢!

限于编者水平,书中缺点错误必定不少,希望读者多加指正。

编　者

一九七九年二月

目　　录

主要符号表

A	面积,振幅
$\boldsymbol{A}$	振幅向量
c	支座广义位移,阻尼系数
C	弯矩传递系数
D	侧移刚度
E	弹性模量
E_p	结构总势能
F	集中荷载
F_{AH},F_{AV}	A 支座沿水平,竖直方向的反力
F_{Ax},F_{Ay}	A 支座沿 x,y 方向的反力
F_{cr}	临界荷载
$\boldsymbol{F}$	结点荷载向量,综合结点荷载向量
$\boldsymbol{F}_D$	直接结点荷载向量
F_D	黏滞阻尼力
$\boldsymbol{F}_E$	等效结点荷载向量
F_E	欧拉临界荷载,弹性力
F_H	拱的水平推力,悬索张力水平分量
F_I	惯性力
F_N	轴力
F_R	支座反力,力系合力
F_S	剪力
F_T	悬索张力
F_u	极限荷载
F_V	悬索张力竖直分量
$\overline{\boldsymbol{F}}^e$	局部坐标系下的单元杆端力向量
$\boldsymbol{F}^e$	整体坐标系下的单元杆端力向量
$\overline{\boldsymbol{F}}^{Fe}$	局部坐标系下的单元固端力向量
$\boldsymbol{F}^{Fe}$	整体坐标系下的单元固端力向量
G	切变模量
i	线刚度
I	截面二次矩(惯性矩),冲量

I	单位矩阵
k	刚度系数
$\bar{k}^e$	局部坐标系下的单元刚度矩阵
k^e	整体坐标系下的单元刚度矩阵
K	结构刚度矩阵
m	质量
M	力矩,力偶矩,弯矩
M	质量矩阵
M_u	极限弯矩
M^F	固端弯矩
p	均布荷载集度
q	均布荷载集度
r	单位位移引起的广义反力
R	广义反力
S	转动刚度,截面静矩,影响线量值
t	时间
T	周期,动能
T	坐标转换矩阵
u	水平位移
v	竖向位移
V	外力势能
V_ε	应变能
W	平面体系自由度,功,弯曲截面系数
X	广义未知力
Z	广义未知位移
α	线(膨)胀系数
Δ	广义位移
Δ	结点位移向量
ν	剪力分配系数
δ	单位力引起的广义位移,阻尼系数
ξ	阻尼比
θ	激振力频率
μ	力矩分配系数,冲击系数,长度系数
σ_b	强度极限
σ_s	屈服应力

σ_u 　　　　　　　　　极限应力

φ 　　　　　　　　　角位移,初相角

$\boldsymbol{\Phi}$ 　　　　　　　　　振型矩阵

ω 　　　　　　　　　角频率

第十二章　结构动力学

§12–1　概述

前面各章讨论的都是结构在静力荷载作用下的计算;现在进一步研究动力荷载对结构的影响。所谓静力荷载是指施力过程缓慢,不致使结构产生显著的加速度,因而可以略去惯性力影响的荷载。在静力荷载作用下,结构处于平衡状态,荷载的大小、方向、作用点及由它引起的结构的内力、位移等各种量值都不随时间而变化。反之,若在荷载作用下将使结构产生不容忽视的加速度,因而必须考虑惯性力的影响时,则为动力荷载。在动力荷载作用下,结构将发生振动,各种量值均随时间而变化,因而其计算与静力荷载作用下有所不同,二者的主要差别就在于是否考虑惯性力的影响。

12–1　本章学习要点

在工程结构中,除了结构自重及一些永久性荷载外,其他荷载都具有或大或小的动力作用。当荷载变化很慢,其变化周期远大于结构的自振周期时,其动力作用是很小的,这时为了简化计算,可以将它作为静力荷载处理。在工程中作为动力荷载来考虑的是那些变化激烈、动力作用显著的荷载。按动力荷载的变化规律,可分为如下几种:

（1）周期荷载。这是指随时间按一定规律改变大小的周期性荷载,如按正弦(或余弦)规律改变大小则称为简谐周期荷载,通常也称为振动荷载。例如具有旋转部件的机器在等速运转时其偏心质量产生的离心力对结构的影响就是这种荷载。

（2）冲击荷载。这是指很快地把全部量值加于结构而作用时间很短即行消失的荷载。例如打桩机的桩锤对桩的冲击、车轮对轨道接头处的撞击等。

（3）突加荷载。在一瞬间施加于结构上并继续留在结构上的荷载。例如粮食口袋卸落在仓库地板上时就是这种荷载。这种荷载包括对结构的突然加载和突然卸载。

（4）快速移动的荷载。例如高速通过桥梁的列车、汽车等。

（5）随机荷载。例如风力的脉动作用、波浪对码头的拍击、地震对建筑物的激振等,这种荷载的变化极不规则,在任一时刻的数值无法预测,其变化规律不能用确定的函数关系来表达,只能用概率的方法寻求其统计规律。

如果结构受到外部因素扰动发生振动,而在以后的振动过程中不再受外部激振力作用,这种振动就称为自由振动;若在振动过程中还不断受到外部激振力作用,则称为受迫振动。结构动力计算的最终目的在于确定动力荷载作用下结构的内力、位移等量值随时间而变化的规律,从而找出其最大值以作为设计或检算的依据。因此,研究受迫振动就成为动力计算的一项根本任务。然而,结构在受迫振动时各截面的最大内力和位移都与结构自由振动时的频率和振动形式密切相关,因而寻求自振频率和振型就成为研究受迫振动的前提。所以,本章将首先讨论结构的自由振动,然后讨论结构的受迫振动。

结构在动力荷载作用下产生的变形和振动,称之为结构响应。结构动力学就是研究结构、动力荷载和响应三者关系的科学。它可分为三类问题:(1)已知结构和荷载求响应,称为响应预估问题;(2)已知荷载和响应求结构参数,称为系统辨识;(3)已知结构和响应求荷载,称为荷载辨识。第一类问题为正问题,第二、三类问题为反问题,本章只介绍第一类问题。

§12-2　结构振动的自由度

在动力荷载作用下,结构将发生弹性变形,其上的质点将随结构的变形而振动。结构的动力计算与质点的分布和运动有关。质点在振动过程中任一瞬时的位置,可以用某种独立的参数来表示。例如图 12-1a 所示简支梁在跨中固定着一个重量较大的物体 W,如果梁本身的自重较小而可略去,并把重物简化为一个集中质点,则得到图 12-1b 所示的计算简图。如果不考虑质点 m 的转动和梁轴的伸缩,则质点 m 的位置只要用一个参数 y 就能确定。确定结构在弹性变形过程中全部质点位置所需的独立参数的数目,称为该结构振动的自由度。据此,图 12-1 所示的梁在振动中将只具有一个自由度。结构振动自由度的数目,在结构动力学中具有很重要的意义。具有一个自由度的结构称为单自由度结构,自由度大于1的结构则称为多自由度结构。

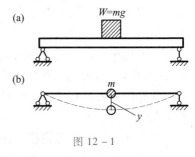

图 12-1

在确定结构振动的自由度时,应注意不能根据结构有几个集中质点就判定它有几个自由度,而应该由确定质点位置所需的独立参数数目来判定。例如图 12-2a 所示结构,在绝对刚性的杆件上附有三个集中质点,它们的位置只需一个参数,即杆件的转角 α 便能确定,故其自由度为 1。又如图 12-2b 所示简支梁上附有三个集中质量,若梁本身的质量可以略去,又不考虑梁的轴向变形和质点的转动,则其自由度为 3,因为尽管梁的变形曲线可以有无限多种形式,但其上三个质点的位置却只需由挠度 y_1、y_2、y_3 就可确定。又如图 12－2c 所示刚架虽然只有一个集中质点,但其位置需由水平位移 y_1 和竖直位移 y_2 两个独立参数才能确定,因此自由度为 2。

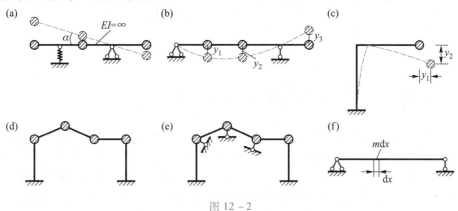

图 12－2

在确定刚架的自由度时,仍引用受弯直杆忽略轴向变形,任意两点间距离保持不变的假定。根据这个假定并加入最少数量的链杆以限制刚架上所有质点的位置,则该刚架的自由度数目即等于所加入链杆的数目。例如图 12－2d 所示刚架上虽有四个集中质点,但只需加入三根链杆便可限制其全部质点的位置(12－2e),故其自由度为 3。由此可见,自由度的数目不完全取决于质点的数目,也与结构是否静定或超静定无关。当然,自由度的数目是随计算要求的精确度不同而有所改变的。如果考虑到质点的转动惯性,则相应地还要增加控制转动的约束,才能确定自由度数。以上是对于具有离散质点的情况而言的。但是,在实际结构中,质量的分布总是比较复杂的,除了有较大的集中质量外,一般还会有连续分布的质量。例如图 12－2f 所示的梁,其分布质量集度为 m,此时,可看作是无穷多个 $m\mathrm{d}x$ 的集中质量,所以它是无限自由度结构。当然,完全按实际结构进行计算,情况会变得很复杂,因此我们常常针对某些具体问题,采用一定的简化措施,把实际结构简化为单个或多个自由度的结构进行计算。例如图 12－3a 所示机器的块式基础,当机器运转时,若只考虑基础的垂直振动,则可用弹簧表示地基的弹性,用一个集中质量代表基础的质量,就可简化为图示集中质量弹簧模型,从而使结构转化为单自由度结构。又如图 12－3b 所示的水塔,顶部水池较重,塔身重量较轻,在略去次要因素后,就可简化为图示的直立悬臂梁在顶端支承集中质量的单自由度结构。

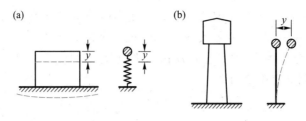

(a)   (b)

图 12 − 3

§12 − 3   单自由度结构的自由振动

12 − 2   视频

研究结构的动力计算,宜从单自由度的简单结构开始,现在先来研究其自由振动。前已指出,所谓自由振动,是指结构在振动进程中不受外部激振力作用的那种振动。产生自由振动的原因只是由于在初始时刻的扰动。初始的扰动有两种情况,一种是由于结构具有初始位移,另一种则是由于结构具有初始速度,或者这两种扰动同时存在。例如图 12 − 4 所示在跨中处承受集中质量的简支梁,若把质点 m 拉离其原有的弹性平衡位置,达到图中虚线所示的偏离位置,然后突然放松,则质点将在原有平衡位置附近往复振动。由于在振动进程中不再受到外来扰动,所以这时的振动就是自由振动。这是由于结构具有初始位移而引起

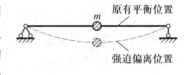

原有平衡位置

m

强迫偏离位置

图 12 − 4

自由振动的例子。又如若对图12 − 4的质点施加瞬时冲击作用,在极短的时间内使其获得一定的初速度,当它还来不及发生显著的位移时,外力又突然消失,这样引起的结构振动,便是初始速度扰动下产生自由振动的例子。

1. 不考虑阻尼时的自由振动

对于各种单自由度结构的振动状态,都可以用一个简单的质点弹簧模型来描述,如图 12 − 5a 所示,弹簧下端悬挂一质量为 m 的重物。取此重物的静力平衡位置为计算位移 y 的原点,并规定位移 y 和质点所受的力都以向下为正。设弹簧发生单位位移时所需加的力为 k_{11},称为弹簧的刚度系数(简称刚度);而在单位力作用下所产生的位移为 δ_{11},称为弹簧的柔度系数(简称柔度),则二者的关系为

$$k_{11} = \frac{1}{\delta_{11}}$$

为了寻求结构振动时其位移以及各种量值随时间变化的规律,应先建立其振动微分方程,然后求解。可以根据达朗贝尔原理,采用动静法建立振动微分方程。具体有两种方法:一种是列动力平衡方程,又称刚度法;另一种是列位移方程,又称柔度法。现分别说明如下。

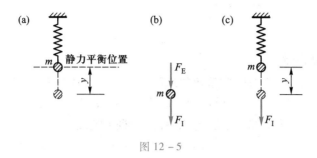

图 12 – 5

（1）列动力平衡方程。设质点 m 在振动中的任一时刻位移为 y，取该质点为隔离体（图 12 – 5b），若不考虑质点运动时所受到的阻力，则作用于其上的外力有：

（a）弹簧拉力 $F_E = -k_{11}y$ 负号表示其实际方向恒与位移 y 的方向相反，亦即永远指向静力平衡位置。此力有将质点 m 拉回到静力平衡位置的趋势，故又称为恢复力。

（b）惯性力 $F_I = -m\ddot{y}$ 它的方向总是与加速度 $\ddot{y} = \dfrac{d^2 y}{dt^2}$ 的方向相反，故有一负号。

对于弹簧处于静力平衡位置时的初拉力，恒与质点的重量 mg 相平衡而抵消，故在振动过程中这两个力都无须考虑。

质点在惯性力 F_I 与弹簧的恢复力 F_E 作用下将维持动力平衡，故应有

$$F_I + F_E = 0$$

将 F_I 和 F_E 的算式代入即得

$$-m\ddot{y} - k_{11}y = 0$$

或

$$m\ddot{y} + k_{11}y = 0 \tag{12-1}$$

命

$$\omega^2 = \frac{k_{11}}{m} \tag{a}$$

则有

$$\ddot{y} + \omega^2 y = 0 \tag{12-2}$$

这就是单自由度结构在自由振动时的微分方程。

（2）列位移方程。上述振动微分方程也可以按下述方法来建立：当质点 m 振动时，把惯性力 $F_I = -m\ddot{y}$ 看作是一个静力荷载作用在体系的质点上，则在其作用下结构在质点处的位移 y 应等于（图 12 – 5c）：

$$y = F_I \delta_{11} = -m\ddot{y}\delta_{11}$$

即

$$m\ddot{y} + k_{11}y = 0$$

这与上述结果相同。

式(12-2)是一个具有常系数的二阶线性齐次微分方程,其通解形式为

$$y(t) = A_1\cos \omega t + A_2\sin \omega t \tag{b}$$

取 y 对时间 t 的一阶导数,则得质点在任一时刻的速度

$$\dot{y}(t) = -\omega A_1\sin \omega t + \omega A_2\cos \omega t \tag{c}$$

此两式中的常数 A_1 和 A_2 可由振动的初始条件来确定。

若当 $t = 0$ 时,

$$y = y_0, \quad \dot{y} = \dot{y}_0$$

则有

$$A_1 = y_0, \quad A_2 = \frac{\dot{y}_0}{\omega}$$

因此

$$y = y_0\cos \omega t + \frac{\dot{y}_0}{\omega}\sin \omega t \tag{12-3}$$

式中 y_0 称为初位移,$\dot{y}_0$ 称为初速度。由此可见,结构的自由振动是由两部分组成,一部分是由初位移 y_0 引起的,表现为余弦规律;另一部分是由初速度 $\dot{y}_0$ 引起的,表现为正弦规律(图12-6a、b)。二者之间的相位差为一直角,后者落后于前者90°。

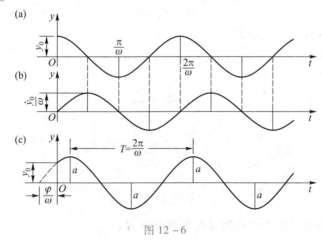

图12-6

若令

$$y_0 = a\sin \varphi \tag{d}$$

$$\frac{\dot{y}_0}{\omega} = a\cos\varphi \qquad\qquad (\text{e})$$

显然有

$$a = \sqrt{y_0^2 + \frac{\dot{y}_0^2}{\omega^2}} \qquad\qquad (12-4)$$

$$\tan\varphi = \frac{y_0}{\dot{y}_0/\omega} \qquad\qquad (12-5)$$

则式(12 –3)可写成

$$y = a\sin(\omega t + \varphi) \qquad\qquad (12-6)$$

且有

$$\dot{y} = a\omega\cos(\omega t + \varphi) \qquad\qquad (12-7)$$

可见这种振动是简谐振动(图 12 –6c),式中 a 表示质点的最大位移,称为振幅,φ 称为初相角。由于 $\sin\omega t$ 和 $\cos\omega t$ 都是周期性函数,它们每经历一定时间就出现相同的数值,若给时间 t 一个增量 $T = \frac{2\pi}{\omega}$,则位移 y 和速度 $\dot{y}$ 的数值均不变,故 T 称为周期,其常用单位为 s;周期的倒数 $\frac{1}{T}$ 代表每秒钟内所完成的振动次数,用 f 表示,也称为工程频率,其单位为 s^{-1},或 Hz;而 $\omega = \frac{2\pi}{T}$ 即为 2π 秒内完成的振动次数,称为角频率或圆频率,通常用 ω 表示,又简称频率,其单位为 rad/s,也常简写为 s^{-1}。ω 之值可由式(a)确定:

$$\omega = \sqrt{\frac{k_{11}}{m}} = \sqrt{\frac{1}{m\delta_{11}}} = \sqrt{\frac{g}{mg\delta_{11}}} = \sqrt{\frac{g}{\Delta_{\text{st}}}} \qquad\qquad (12-8)$$

式中 g 表示重力加速度,Δ_{st} 表示由于重量 mg 所产生的静力位移。

由此可见,计算单自由度结构的自振频率或固有频率时,只需算出刚度 k_{11} 或柔度 δ_{11} 或位移 Δ_{st},代入式(12 –8)即可求得。由该式可知,结构自振频率随刚度 k_{11} 的增大和质量 m 的减小而增大,这一特点在结构设计中对控制结构自振频率有重要意义。因为结构的自振频率只取决于它自身的质量和刚度,所以它反映着结构固有的动力特性。外部激振力只能影响振幅和初相角的大小而不能改变结构的自振频率。如果两个结构具有相同的自振频率,则它们对动力荷载的反应也将是相同的。式(12 –8)表明,ω 随 Δ_{st} 的增大而减小,就是说,若把质点安放在结构上产生最大位移处,则可得到最低的自振频率和最大的振动周期。

例 12 –1 图 12 –7 所示三种支承情况的梁,其跨度都为 l,且 EI 都相等,在中点有一集中质量 m。当不考虑梁的自重时,试比较这三者的自振频率。

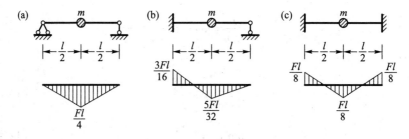

图 12 – 7

解：由式(12 – 8)可知,在计算单自由度结构的自振频率时,可先求出该结构在重量 $F = mg$ 作用下的静力位移。根据以前学过的位移计算的方法,可求出这三种情况相应的静力位移分别为

$$\Delta_1 = \frac{Fl^3}{48EI}, \quad \Delta_2 = \frac{7Fl^3}{768EI}, \quad \Delta_3 = \frac{Fl^3}{192EI}$$

代入式(12 – 8)即可求得三种情况的自振频率分别为

$$\omega_1 = \sqrt{\frac{48EI}{ml^3}}, \quad \omega_2 = \sqrt{\frac{768EI}{7ml^3}}, \quad \omega_3 = \sqrt{\frac{192EI}{ml^3}}$$

据此可得

$$\omega_1 : \omega_2 : \omega_3 = 1 : 1.51 : 2$$

此例说明随着结构刚度的加大,其自振频率也相应地增高。

2. 考虑阻尼作用时的自由振动

事实上,物体的自由振动由于各种阻力的作用将逐渐衰减下去而不能无限延续。阻力可分为两种:一种是外部介质的阻力,例如空气和液体的阻力、支承的摩擦等;另一种则来源于物体内部的作用,例如材料分子之间的摩擦和黏着性等。这些力统称为阻尼力。由于内外阻尼的规律不同,且与各种建筑材料的性质有关,因而确切估计阻尼的作用是一个很复杂的问题。对此,人们提出过许多不同的建议,为使计算较简单,通常是引用福格第假定,即近似认为振动中物体所受的阻尼力与其振动速度成正比,这称为黏滞阻尼力,即

$$F_D = -c\dot{y} \tag{f}$$

式中 c 称为阻尼系数,负号表示阻尼力 F_D 的方向恒与速度 $\dot{y}$ 的方向相反。当考虑阻尼力时,质点 m 上所受的力将如图 12 – 8 所示,考虑其动力平衡,应有

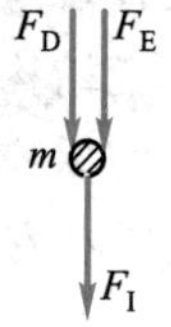

$$F_I + F_D + F_E = 0$$

即

$$m\ddot{y} + c\dot{y} + k_{11}y = 0 \tag{g}$$

仍令

图 12 – 8

$$\omega^2 = \frac{k_{11}}{m}$$

并令

$$2\delta = \frac{c}{m} \tag{h}$$

则有

$$\ddot{y} + 2\delta\dot{y} + \omega^2 y = 0 \tag{12-9}$$

这是一个二阶线性常系数齐次微分方程,设其解的形式为

$$y = Ce^{rt}$$

代入原微分方程(12-9),可得确定 r 的特征方程

$$r^2 + 2\delta r + \omega^2 = 0$$

其两个根为

$$r_{1,2} = -\delta \pm \sqrt{\delta^2 - \omega^2}$$

根据阻尼大小的不同有以下三种情况:

(1) $\delta < \omega$ 即欠阻尼情况　此时特征根 r_1、r_2 是两个复数,式(12-9)的通解为

$$\begin{aligned}
y &= e^{-\delta t}(B_1 \cos \sqrt{\omega^2 - \delta^2}\, t + B_2 \sin \sqrt{\omega^2 - \delta^2}\, t) \\
&= e^{-\delta t}(B_1 \cos \omega' t + B_2 \sin \omega' t)
\end{aligned} \tag{i}$$

其中

$$\omega' = \sqrt{\omega^2 - \delta^2} \tag{12-10}$$

称为有阻尼自振频率。常数 B_1、B_2 可由初始条件确定:将 $t=0$ 时 $y = y_0$ 和 $\dot{y} = \dot{y}_0$ 代入式(i)可得

$$B_1 = y_0, \qquad B_2 = \frac{\dot{y}_0 + \delta y_0}{\omega'}$$

故

$$y = e^{-\delta t}\left(y_0 \cos \omega' t + \frac{\dot{y}_0 + \delta y_0}{\omega'} \sin \omega' t\right) \tag{12-11}$$

上式也可写为

$$y = A e^{-\delta t} \sin(\omega' t + \varphi') \tag{12-12}$$

其中

$$A = \sqrt{y_0^2 + \left(\frac{\dot{y}_0 + \delta y_0}{\omega'}\right)^2} \tag{12-13}$$

$$\tan \varphi' = \frac{\omega' y_0}{\dot{y}_0 + \delta y_0} \tag{12-14}$$

式(12-12)的位移-时间曲线如图12-9所示,即为衰减的正弦曲线,其振幅

按 $e^{-\delta t}$ 的规律减小。

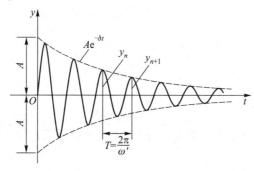

图 12 – 9

在工程中还经常采用阻尼比

$$\xi = \frac{\delta}{\omega} \tag{j}$$

作为阻尼的基本参数。由式(12 – 10)有

$$\omega' = \omega \sqrt{1 - \xi^2} \tag{12 – 15}$$

可见 ω' 随阻尼的增大而减小。在一般建筑结构中 ξ 是一个很小的数,约在 0.02 ~ 0.15 之间,因此有阻尼自振频率 ω' 与无阻尼自振频率 ω 很接近,可认为

$$\omega' \approx \omega \tag{k}$$

若在某一时刻 t_n 振幅为 y_n,经过一个周期后的振幅为 y_{n+1},则有

$$\frac{y_n}{y_{n+1}} = \frac{be^{-\delta t_n}}{be^{-\delta(t_n+T)}} = e^{\delta T} = e^{\xi \omega T}$$

上式两边取对数得

$$\ln \frac{y_n}{y_{n+1}} = \xi \omega T = \xi \omega \frac{2\pi}{\omega'} \approx 2\pi \xi \tag{12 – 16}$$

称为振幅的对数减缩。同理,当经过 j 个周期后,有

$$\ln \frac{y_n}{y_{n+j}} = 2\pi j \xi \tag{12 – 17}$$

若由实验测出 y_n 及 y_{n+1} 或 y_{n+j},则可由式(12 – 16)式(12 – 17)求出阻尼比 ξ。

(2)$\delta > \omega$ 即过阻尼情况   此时特征根 r_1、r_2 为两个负实数,式(12 – 9)的通解为

$$y = e^{-\delta t} \left(C_1 \cosh \sqrt{\delta^2 - \omega^2}\, t + C_2 \sinh \sqrt{\delta^2 - \omega^2}\, t \right)$$

这是非周期函数,因此不会产生振动,结构受初始扰动偏离平衡位置后将缓慢地回复到原有位置。

（3）$\delta = \omega$ 即临界阻尼情况　此时特征根是一对重根，$r_{1,2} = -\delta$，式（12－9）的通解为

$$y = e^{-\delta t}(C_1 + C_2 t)$$

这也是非周期函数，故也不发生振动。这是由振动过渡到非振动状态之间的临界情况，此时阻尼比 $\xi = 1$，相应的 c 值称为临界阻尼系数，用 c_{cr} 表示。在式（h）中令 $\delta = \omega$ 可得

$$c_{cr} = 2m\omega \tag{1}$$

由式（j）及（h）、（1）又有

$$\xi = \frac{c}{c_{cr}}$$

表明阻尼比 ξ 即为阻尼系数 c 与临界阻尼系数 c_{cr} 之比。

§12－4　单自由度结构在简谐荷载作用下的受迫振动

12－3　振动方程的建立

所谓受迫振动，是指结构在动力荷载即外来激振力作用下产生的振动。若激振力 $F(t)$ 直接作用在质点 m 上，则质点受力将如图 12－10 所示。由动力平衡条件得

$$F_I + F_D + F_E + F(t) = 0$$

即

$$m\ddot{y} + c\dot{y} + k_{11}y = F(t)$$

或

$$\ddot{y} + 2\xi\omega\dot{y} + \omega^2 y = \frac{1}{m}F(t) \tag{12-18}$$

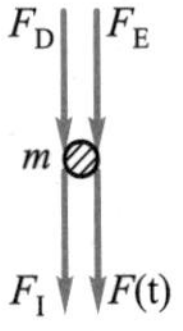

图 12－10

这个微分方程的解包括两部分，一部分为相应齐次方程的通解 y^0，它由上一节式（i）表示为

$$y^0 = e^{-\xi\omega t}(B_1 \cos \omega' t + B_2 \sin \omega' t) \tag{a}$$

另一部分则是与激振力 $F(t)$ 相适应的特解 $\bar{y}$，它将随激振力的不同而异。本节先来讨论激振力为简谐周期荷载时的情况。具有转动部件的机器在匀速转动时，由于偏心的质量所产生的离心力的竖直或水平分力就是这种荷载的例子，它一般可表示为

$$F(t) = F\sin \theta t \tag{12-19}$$

其中 θ 为激振力的频率，F 为激振力的幅值。此时振动微分方程式（12－18）成为

$$\ddot{y} + 2\xi\omega\dot{y} + \omega^2 y = \frac{F}{m}\sin \theta t \tag{12-20}$$

设式(12 - 20)有一个特解为

$$\bar{y} = A\sin(\theta t - \varphi) \tag{b}$$

由于 $\sin\theta t$ 和 $\sin(\theta t - \varphi)$ 分别是 $e^{i\theta t}$ 和 $e^{i(\theta t - \varphi)}$ 的虚部,取 $F(t) = Fe^{i\theta t}$ 和 $\bar{y} = Ae^{i(\theta t - \varphi)}$ 代入式(12 - 18),可得

$$A(\omega^2 - \theta^2 + 2\xi\omega\theta i)e^{i(\theta t - \varphi)} = \frac{F}{m}e^{i\theta t} \tag{c}$$

比较式(c)两边,可得

$$A(\omega^2 - \theta^2 + 2\xi\omega\theta i) = \frac{F}{m}e^{i\varphi} \tag{d}$$

由式(d)及欧拉公式 $e^{i\theta} = \cos\theta + i\sin\theta$,可得

$$A(\omega^2 - \theta^2) = \frac{F}{m}\cos\varphi, \quad 2A\xi\omega\theta = \frac{F}{m}\sin\varphi$$

于是

$$A = \frac{1}{\sqrt{(\omega^2 - \theta^2)^2 + 4\xi^2\omega^2\theta^2}}\frac{F}{m} \tag{e}$$

$$\varphi = \arctan\left(\frac{2\xi\omega\theta}{\omega^2 - \theta^2}\right) \tag{f}$$

将式(a)的 y_0 和式(b)的 $\bar{y}$ 合并到一起,则得式(12 - 20)的通解为

$$y = e^{-\xi\omega t}[B_1\cos\omega't + B_2\sin\omega't] + A\sin(\theta t - \varphi) \tag{g}$$

式中 B_1 和 B_2 取决于初始条件。设当 $t = 0$ 时,$y = y_0, \dot{y} = \dot{y}_0$,代入式(g),可求得

$$B_1 = y_0 + \frac{2\xi\omega\theta F}{m[(\omega^2 - \theta^2)^2 + 4\xi^2\omega^2\theta^2]}$$

$$B_2 = \frac{\dot{y}_0 + \xi\omega y_0}{\omega'} + \frac{\theta F[2\xi^2\omega^2 - (\omega^2 - \theta^2)]}{m\omega'[(\omega^2 - \theta^2)^2 + 4\xi^2\omega^2\theta^2]}$$

因此,式(g)可写为

$$y = e^{-\xi\omega t}\left[y_0\cos\omega't + \frac{\dot{y}_0 + \xi\omega y_0}{\omega'}\sin\omega't\right]$$

$$+ e^{-\xi\omega t}\frac{\theta F}{m[(\omega^2 - \theta^2)^2 + 4\xi^2\omega^2\theta^2]}\left[2\xi\omega\cos\omega't + \frac{2\xi^2\omega^2 - (\omega^2 - \theta^2)}{\omega'}\sin\omega't\right] +$$

$$\frac{F}{m\sqrt{(\omega^2 - \theta^2)^2 + 4\xi^2\omega^2\theta^2}}\sin\left[\theta t - \arctan\left(\frac{2\xi\omega\theta}{\omega^2 - \theta^2}\right)\right] \tag{12 - 21}$$

由此式可知,振动系由三部分组成:第一部分是由初始条件决定的自由振动;第二部分是与初始条件无关而伴随激振力的作用发生的振动,但其频率与体系的自振频率 ω' 一致,称为伴生自由振动。由于这两部分振动都含有因子 $e^{-\xi\omega t}$,故它们将随时间的推移而很快衰减掉,最后只剩下按激振力频率 θ 而振动的第三部分,称为纯受迫振动或稳态受迫振动(图 12 - 11)。我们把振动开始的一段

时间内几种振动同时存在的阶段称为过渡阶段；而把后面只剩下纯受迫振动的阶段称为平稳阶段。通常过渡阶段比较短，因而在实际问题中平稳阶段比较重要，故一般只着重讨论纯受迫振动。下面仍分别就考虑和不考虑阻尼两种情况来讨论。

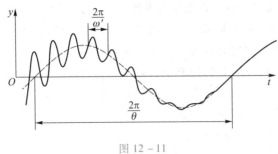

图 12 - 11

1. 不考虑阻尼的纯受迫振动

此时因 $\xi = 0$，由式（12 - 21）的第三项可知纯受迫振动方程成为

$$y = \frac{F}{m(\omega^2 - \theta^2)} \sin \theta t \qquad (12 - 22)$$

因此，最大的动力位移（即振幅）为

$$A = \frac{F}{m(\omega^2 - \theta^2)} = \frac{1}{1 - \dfrac{\theta^2}{\omega^2}} \frac{F}{m\omega^2} \qquad (12 - 23)$$

但是，$\omega^2 = \dfrac{k_{11}}{m} = \dfrac{1}{m\delta_{11}}$，故 $\omega^2 m = \dfrac{1}{\delta_{11}}$，代入上式，得

$$A = \frac{1}{1 - \dfrac{\theta^2}{\omega^2}} F\delta_{11} = \mu y_{st} \qquad (12 - 24)$$

式中 $y_{st} = F\delta_{11}$ 代表将振动荷载的最大值 F 作为静力荷载作用于结构上时所引起的静力位移，而

$$\mu = \frac{1}{1 - \dfrac{\theta^2}{\omega^2}} = \frac{A}{y_{st}} \qquad (12 - 25)$$

为最大的动力位移与静力位移之比值，称为位移动力系数。由上可知，根据 θ 与 ω 的比值求得动力系数后，只需将动力荷载的最大值 F 当作静力荷载而求出结构的位移 y_{st}，然后再乘上 μ，即可求得动力荷载作用下的最大位移 A。当 $\theta < \omega$ 时，μ 为正，动力位移与动力荷载同向；当 $\theta > \omega$ 时，μ 为负，动力位移与动力荷载反向。

同理，如果求出了内力的动力系数，也可仿此计算结构在动力荷载作用下的最大内力。需要指出，在单自由度结构上，当激振力与惯性力的作用点重合时，位移动力系数和内力动力系数是完全一样的,此时对这两类动力系数可不作区分而统称为动力系数。

由式(12 – 25)可知,动力系数随比值$\dfrac{\theta}{\omega}$而变化。当激振力的频率θ接近于结构的自振频率ω时,动力系数就迅速增大;当二者无限接近时,理论上μ将成为无穷大,此时内力和位移都将无限增加。对结构来说,这种情形是危险的。在$\theta = \omega$时所发生的振动情况称为共振。下面将看到,实际上由于阻尼力的存在,共振时内力和位移虽然很大,但并不会趋于无穷大,而且共振时的振动也是逐渐由小变大,而不是一下就变得很大的。但是,内力和位移之值过大也是不利的,因此,在设计中应尽量避免发生共振。

2. 考虑阻尼的纯受迫振动

取式(12 – 21)的第三项,则有

$$y = A\sin(\theta t - \varphi) \tag{12 – 26}$$

式中A为有阻尼的纯受迫振动的振幅,φ是位移与荷载之间的相位差。由式(e)和式(f)得

$$\text{振幅} \quad A = \frac{1}{\sqrt{(\omega^2 - \theta^2)^2 + 4\xi^2\omega^2\theta^2}}\frac{F}{m} \tag{12 – 27}$$

$$\text{相位差} \quad \varphi = \arctan\left(\frac{2\xi\omega\theta}{\omega^2 - \theta^2}\right) \tag{12 – 28}$$

以$\omega^2 = \dfrac{k_{11}}{m} = \dfrac{1}{m\delta_{11}}$代入式(12 – 27),则振幅$A$可写为

$$A = \frac{1}{\sqrt{(1 - \eta^2)^2 + 4\xi^2\eta^2}}\frac{F}{m\omega^2} = \mu y_{\text{st}} \tag{12 – 29}$$

式中$\eta = \dfrac{\theta}{\omega}$,称为频率比。

$$\mu = \frac{1}{\sqrt{(1 - \eta^2)^2 + 4\xi^2\eta^2}} \tag{12 – 30}$$

可见动力系数μ不仅与θ和ω的比值有关,而且还与阻尼比ξ有关,这种关系可绘成图12 – 12所示的曲线。相位差φ与θ和ω的比值以及阻尼比ξ的关系曲线如图12 – 13所示。

现在,结合图12 – 12与图12 – 13来研究μ与φ随η而变化的情况,并对位移与荷载的相位关系作一简单讨论。

(1)当θ远小于ω时,则η很小,因而μ接近于1。这表明可近似地将$F\sin\theta t$作为静力荷载来计算。这时由于振动很慢,因而惯性力和阻尼力都很小,动力荷载主要由结构的恢复力所平衡。

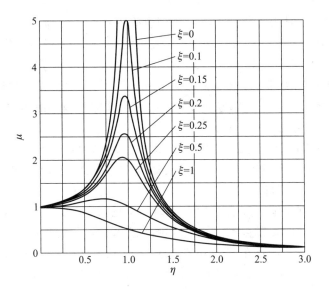

图 12 − 12

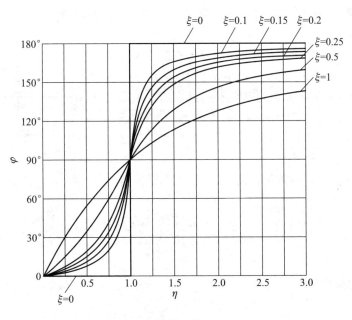

图 12 − 13

由式(12 −26)可知,位移 y 与荷载 $F(t)$ 之间有一个相位差 φ,也就是说在有阻尼的受迫振动中($\xi \neq 0$),位移 y 要比荷载 $F(t)$ 落后一个相位 φ;然而在无阻尼的受迫振动中($\xi = 0$),由式(12 −22)与图 12 −13 可知,位移 y 与荷载 $F(t)$ 是同步的(当 $\theta < \omega$ 时),或是相差180°亦即方向相反的(当 $\theta > \omega$ 时),这是有无阻尼的重大差别。不过在目前的有阻尼振动中,由于 θ 远小于 ω,故从式(12 −28)与图

12 - 13均可知,此时相位差 φ 也很小,因而位移基本上与荷载同步。

(2) 当 θ 远大于 ω 时,则 μ 很小,这表明质点近似于不动或只作振幅很微小的颤动。这时由于振动很快,因而惯性力很大,结构的恢复力和阻尼力相对地说可以忽略,此时动力荷载主要由惯性力来平衡。由于惯性力是与位移同相位的,所以动力荷载的方向只能是与位移的方向相反才能平衡。由式(12 - 28)和图 12 - 13也可知,此时相位差 $\varphi \approx 180°$。

(3) 当 θ 接近于 ω 时,μ 增加很快。由式(12 - 28)可知,此时 $\varphi \approx 90°$,说明位移落后于荷载 $F(t)$ 约 $90°$,即荷载为最大时,位移很小,加速度也很小,因而恢复力和惯性力都很小,这时荷载主要由阻尼力平衡。因此,荷载频率 θ 在共振频率附近时,阻尼力将起重要作用,μ 值非常明显地受阻尼大小的影响。由图 12 - 12 可见,在 $0.75 < \eta < 1.25$ 的范围内,阻尼影响将大大地减小受迫振动的位移。当 $\theta \rightarrow \omega$ 时,由于阻尼力的存在,μ 值虽不等于无穷大,但其值还是很大的,特别是当阻尼作用较小时,共振现象仍是很危险的,可能导致结构的破坏。因此,在工程设计中应该注意通过调整结构的刚度和质量来控制结构的自振频率,使其不致与激振力的频率接近,以避免共振现象。一般常使最低自振频率 ω 至少较 θ 大 $25\% \sim 30\%$。

例 12 - 2　重量 $G = 35$ kN 的发电机置于简支梁的中点上(图 12 - 14),并知梁的惯性矩 $I = 8.8 \times 10^{-5}$ m^4,$E = 210$ GPa,发电机转动时其离心力的竖直分力为 $F\sin\theta t$,且 $F = 10$ kN。若不考虑阻尼,试求当发电机转速 $n = 500$ r/min 时,梁的最大弯矩和挠度(梁的自重可略去不计)。

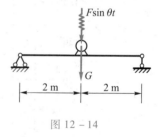

图 12 - 14

解:在发电机的重量作用下,梁中点的最大静力位移为

$$\Delta_{st} = \frac{Gl^3}{48EI} = \frac{35 \times 10^3 \text{ N} \times (4\text{m})^3}{48 \times 210 \times 10^9 \text{ N/m}^2 \times 8.8 \times 10^{-5} \text{ m}^4}$$
$$= 2.53 \times 10^{-3} \text{ m}$$

故自振频率为

$$\omega = \sqrt{\frac{g}{\Delta_{st}}} = \sqrt{\frac{9.81 \text{ m/s}^2}{2.53 \times 10^{-3} \text{ m}}} = 62.3 \text{ s}^{-1}$$

激振力的频率为

$$\theta = \frac{2\pi n}{60} = \frac{2 \times 3.14 \times 500}{60 \text{ s}} = 52.3 \text{ s}^{-1}$$

根据式(12 - 25)可求得动力系数为

$$\mu = \frac{1}{1 - \dfrac{\theta^2}{\omega^2}} = \frac{1}{1 - \left(\dfrac{52.3 \text{ s}^{-1}}{62.3 \text{ s}^{-1}}\right)^2} = 3.4$$

故知由此激振力影响所产生的内力和位移等于静力影响的 3.4 倍。据此求得梁中点的最大弯矩为

$$M_{\max} = M^G + \mu M_{\text{st}}^F = \frac{35 \text{ kN} \times 4 \text{ m}}{4} +$$

$$\frac{3.4 \times 10 \text{ kN} \times 4 \text{ m}}{4} = 69 \text{ kN} \cdot \text{m}$$

梁中点最大挠度为

$$y_{\max} = \Delta_{\text{st}} + \mu y_{\text{st}}^F = \frac{Gl^3}{48EI} + \mu \frac{Fl^3}{48EI}$$

$$= \frac{(35 + 3.4 \times 10) \times 10^3 \text{ N} \times (4 \text{ m})^3}{48 \times 210 \times 10^9 \text{ N/m}^2 \times 8.8 \times 10^{-5} \text{ m}^4}$$

$$= 4.98 \times 10^{-3} \text{ m} = 4.98 \text{ mm}$$

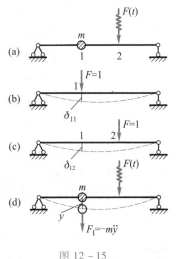

图 12 − 15

以上的分析都是激振力 $F(t)$ 直接作用在质点 m 上的情形。在实际问题中,也可能有激振力 $F(t)$ 不直接作用在质点上。例如图 12 − 15a 所示简支梁,质点 m 在点 1 处,而激振力 $F(t)$ 则作用在点 2 处。建立质点 m 的振动方程时,用柔度法较简便,现讨论如下。

设单位力作用在点 1 时使点 1 产生的位移为 δ_{11};单位力作用在点 2 时使点 1 产生的位移为 δ_{12}(图 12 − 15b、c)。若在任一时刻质点 m 处的位移为 y,则作用在质点 m 上的惯性力为 $F_1 = -m\ddot{y}$,在惯性力 F_1 和激振力 $F(t)$ 共同作用下,如图 12 − 15d 所示,质点 m 处的位移将为

$$y = \delta_{11}F_1 + \delta_{12}F(t) = \delta_{11}(-m\ddot{y}) + \delta_{12}F(t)$$

即

$$m\ddot{y} + k_{11}y = \frac{\delta_{12}}{\delta_{11}}F(t) \qquad (12-31)$$

这就是质点 m 的振动微分方程。由此可见,对于这种情况,本节前面导出的各个计算公式都是适用的,只不过须将公式中的 $F(t)$ 用 $\dfrac{\delta_{12}}{\delta_{11}}F(t)$ 来代替。

§12 −5   单自由度结构在任意荷载作用下的受迫振动

为了推导任意激振力 $F(t)$ 作用下受迫振动的一般公式,先讨论瞬时冲量作

用下的振动问题。所谓瞬时冲量,就是荷载 $F(t)$ 只在极短的时间 $\Delta t \approx 0$ 内给予振动物体的冲量。如图 12 – 16a 所示,设荷载的大小为 F,作用的时间为 Δt,则其冲量以 $I = F\Delta t$ 来计算,即图中阴影线所表示的面积。

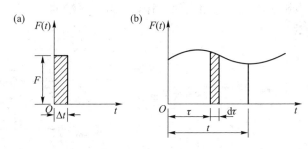

图 12 – 16

设在 $t = 0$ 时,有冲量 I 作用于单自由度质点上,且假定冲击以前质点原来的初位移和初速度均为零,则在瞬时冲量作用下质点 m 将获得初速度 $\dot{y}_0$,此时冲量 I 全部转移给质点,使其增加动量,动量增值即为 $m\dot{y}_0$,故由 $I = m\dot{y}_0$ 可得

$$\dot{y}_0 = \frac{I}{m}$$

当质点获得初速度 $\dot{y}_0$ 后还未产生位移时,冲量即行消失,所以质点在这种冲击下将产生自由振动。将 $y_0 = 0$ 和 $\dot{y}_0 = \dfrac{I}{m}$ 代入式(12 – 11),便得到瞬时冲量 I 作用下质点 m 的位移方程为

$$y = e^{-\xi\omega t}\left(\frac{\dot{y}_0}{\omega'}\sin \omega't\right) = \frac{I}{m\omega'}e^{-\xi\omega t}\sin \omega't \qquad (12 – 32)$$

若瞬时冲量不是在 $t = 0$,而是在 $t = \tau$ 时加于质点上的,则其位移方程应为

$$y(t) = \frac{I}{m\omega'}e^{-\xi\omega(t-\tau)}\sin \omega'(t-\tau) \quad (t > \tau) \qquad (12 – 33)$$

对于图 12 – 16b 所示一般形式的激振力 $F(t)$,可以认为它是一系列微小冲量 $F(\tau)\mathrm{d}\tau$ 连续作用的结果,因此应有

$$y(t) = \frac{1}{m\omega'}\int_0^t F(\tau)e^{-\xi\omega(t-\tau)}\sin \omega'(t-\tau)\mathrm{d}\tau \qquad (12 – 34)$$

这就是单自由度结构当原来的初始位移和初始速度均为零时,在任意动力荷载作用下的质点位移公式。若不考虑阻尼,则有 $\xi = 0$,$\omega' = \omega$,于是

$$y(t) = \frac{1}{m\omega}\int_0^t F(\tau)\sin \omega(t-\tau)\mathrm{d}\tau \qquad (12 – 35)$$

式(12 – 34)及式(12 – 35)又称为杜哈梅积分。

若在 $t = 0$ 时,质点原来还具有初始位移 y_0 和初始速度 $\dot{y}_0$,则质点位移应为

$$y(t) = \mathrm{e}^{-\xi\omega t}\left(y_0\cos\ \omega't + \frac{\dot{y}_0 + \xi\omega y_0}{\omega'}\sin\ \omega't\right) + \frac{1}{m\omega'}\int_0^t F(\tau)\mathrm{e}^{-\xi\omega(t-\tau)}\sin\ \omega'(t-\tau)\mathrm{d}\tau$$

$$(12-36)$$

如不考虑阻尼则有

$$y(t) = y_0\cos\ \omega t + \frac{\dot{y}_0}{\omega}\sin\ \omega t + \frac{1}{m\omega}\int_0^t F(\tau)\sin\ \omega(t-\tau)\mathrm{d}\tau \quad (12-37)$$

有了式(12 – 34) ~ (12 – 37)各式,只需把已知的激振力 $F(\tau)$ 代入进行积分运算,便可解算此种激振力作用下的受迫振动。下面研究两种特殊荷载作用下的解答。

(1) 突加荷载。这是指突然施加于结构上并保持常量继续作用的荷载,以加载那一瞬间作为时间的起点,其变化规律如图 12 – 17a 所示,设结构在加载前处于静止状态,则可将 $F(\tau) = F$ 代入式(12 – 34)进行积分求得

$$y = \frac{F}{m\omega^2}\left[1 - \mathrm{e}^{-\xi\omega t}\left(\cos\ \omega't + \frac{\xi\omega}{\omega'}\sin\ \omega't\right)\right]$$

$$= y_{\mathrm{st}}\left[1 - \mathrm{e}^{-\xi\omega t}\left(\cos\ \omega't + \frac{\xi\omega}{\omega'}\sin\ \omega't\right)\right] \quad (12-38)$$

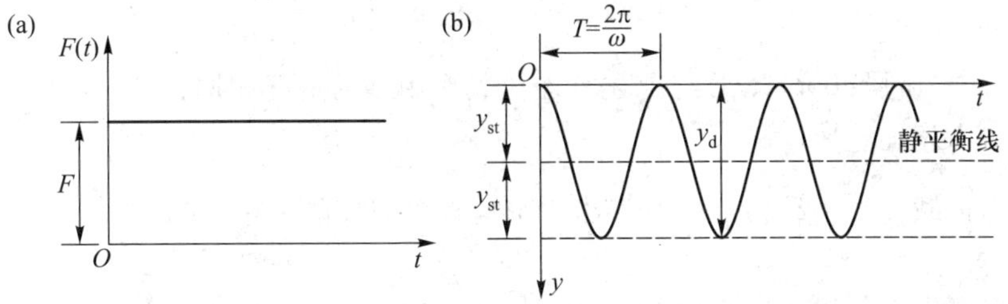

图 12 – 17

将此式对 t 求一阶导数,并令其等于零。即可求得产生位移极值的各时刻。当 $t = \dfrac{\pi}{\omega'}$ 时,最大动力位移 y_d 为

$$y_\mathrm{d} = y_{\mathrm{st}}\left(1 + \mathrm{e}^{-\frac{\xi\omega\pi}{\omega'}}\right) \quad (12-39)$$

由此可得动力系数为

$$\mu = 1 + \mathrm{e}^{-\frac{\xi\omega\pi}{\omega'}} \quad (12-40)$$

若不考虑阻尼影响,则 $\xi = 0$, $\omega' = \omega$,式(12 – 38)成为

$$y = \frac{F}{m\omega^2}(1 - \cos\ \omega t) = y_{\mathrm{st}}(1 - \cos\ \omega t) \quad (12-41)$$

最大动力位移为

$$y_\mathrm{d} = 2y_{\mathrm{st}} \quad (12-42)$$

即在突加荷载作用下,最大动力位移为静力位移的 2 倍。图 12 – 17b 给出了式 (12 – 41)所示的振动曲线,此时质点在静力平衡位置附近作简谐振动。

(2)短期荷载。这是指在短时间内停留于结构上的荷载,即当 $t = 0$ 时,荷载突然加于结构上,但到 $t = t_0$ 时,荷载又突然消失,如图 12 – 18 所示。对于这种情况可作如下分析:当 $t = 0$ 时有上面所述的突加荷载加入,并一直作用于结构上;到 $t = t_0$ 时,又有一个大小相等但方向相反的突加荷载加入,以抵消原有荷载的作用。这样,便可利用上述突加荷载作

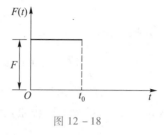

图 12 – 18

用下的计算公式按叠加法来求解。由于这种荷载作用时间较短,最大位移一般发生在振动衰减还很少的开始一段短时间内,因此通常可以不考虑阻尼影响,于是由式(12 –41)可得

当 $0 < t < t_0$ 时,$\quad y = y_{\mathrm{st}}(1 - \cos \omega t)$

当 $t > t_0$ 时,$\quad y = y_{\mathrm{st}}(1 - \cos \omega t) - y_{\mathrm{st}}[1 - \cos \omega(t - t_0)]$

$$= y_{\mathrm{st}}[\cos \omega(t - t_0) - \cos \omega t]$$

$$= 2y_{\mathrm{st}}\left[\sin \frac{\omega t_0}{2}\sin \omega\left(t - \frac{t_0}{2}\right)\right] \tag{12 – 43}$$

显然,前一阶段$(0 < t < t_0)$与前述突加荷载作用下的情况相同;后一阶段$(t > t_0)$则为自由振动。

当荷载停留于结构上的时间小于结构自振周期的一半,即 $t_0 < \dfrac{T}{2}$ 时,最大位移发生在后一阶段。由式$(12 –43)$知$\left(t - \dfrac{t_0}{2}\right) = \dfrac{\pi}{2\omega}$时有最大位移,其值为

$$y_{\mathrm{d}} = 2y_{\mathrm{st}}\sin \frac{\omega t_0}{2} \tag{12 – 44}$$

据此可得动力系数为

$$\mu = 2\sin \frac{\omega t_0}{2} \tag{12 – 45}$$

可见 μ 与荷载作用时间的长短有关,表 12 – 1 列出了不同 $\dfrac{t_0}{T}$ 时的 μ 值。而当 $t_0 > \dfrac{T}{2}$ 时,最大位移将发生在前一阶段,因而有

$$\mu = 2$$

此时短期荷载的最大动力效应与突加荷载的相同。

表 12-1　短期荷载的动力系数 μ

$\dfrac{t_0}{T}$	0	0.01	0.02	0.05	0.10	$\dfrac{1}{6}$	0.20	0.30	0.40	0.50	>0.50
μ	0	0.063	0.126	0.313	0.618	1.000	1.176	1.618	1.902	2	2

§12-6　多自由度结构的自由振动

1. 振动微分方程的建立

多自由度结构的振动微分方程,同样可按前述两种基本方法来建立:一种是列动力平衡方程,即刚度法;另一种是列位移方程,即柔度法,现分述如下。

设图 12-19a 所示无重量简支梁支承着 n 个集中质量 $m_1,m_2,\cdots,m_n$,若略去梁的轴向变形和质点的转动,则为 n 个自由度的结构。设在振动中任一时刻各质点的位移分别为 $y_1,y_2,\cdots,y_n$。按刚度法建立振动微分方程时,可以采取类似于第八章位移法的步骤来处理。首先加入附加链杆阻止所有质点的位移(图 12-19b),则在各质点的惯性力 $-m_i\ddot{y}_i(i=1,2,\cdots,n)$ 作用下,各链杆的反力即等于 $m_i\ddot{y}_i$;其次令各链杆发生与各质点实际位置相同的位移(图 12-19c),此时各链杆上所需施加的力为 $F_{Ri}(i=1,2,\cdots,n)$。若不考虑各质点所受的阻尼力,则将上述两情况叠加,各附加链杆上的总反力应等于零,由此便可列出各质点的动力平衡方程。以质点 m_i 为例,有

$$m_i\ddot{y}_i + F_{Ri} = 0 \tag{a}$$

而 F_{Ri} 的大小取决于结构的刚度和各质点的位移值,由叠加原理,它可写为

$$F_{Ri} = k_{i1}y_1 + k_{i2}y_2 + \cdots + k_{ii}y_i + \cdots + k_{ij}y_j + \cdots + k_{in}y_n \tag{b}$$

式中 k_{ii}、k_{ij} 等是结构的刚度系数,它们物理意义见图 12-19d、e。例如 k_{ij} 为 j 点发生单位位移(其余各点位移均为零)时 i 点处附加链杆的反力。把式(b)代入式(a),有

$$m_i\ddot{y}_i + k_{i1}y_1 + k_{i2}y_2 + \cdots + k_{in}y_n = 0 \tag{c}$$

同理,对每个质点都列出这样一个动力平衡方程,于是可建立 n 个方程如下:

$$\left.\begin{array}{l}
m_1\ddot{y}_1 + k_{11}y_1 + k_{12}y_2 + \cdots + k_{1n}y_n = 0 \\
m_2\ddot{y}_2 + k_{21}y_1 + k_{22}y_2 + \cdots + k_{2n}y_n = 0 \\
\cdots\cdots\cdots\cdots \\
m_n\ddot{y}_n + k_{n1}y_1 + k_{n2}y_2 + \cdots + k_{nn}y_n = 0
\end{array}\right\} \tag{12-46}$$

写成矩阵形式为

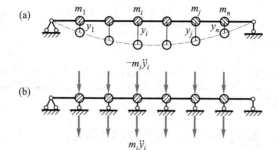

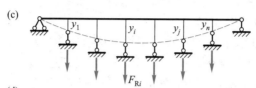

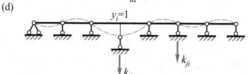

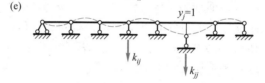

图 12 – 19

$$
\begin{pmatrix} m_1 & & & 0 \\ & m_2 & & \\ & & \ddots & \\ 0 & & & m_n \end{pmatrix} \begin{pmatrix} \ddot{y}_1 \\ \ddot{y}_2 \\ \vdots \\ \ddot{y}_n \end{pmatrix} + \begin{pmatrix} k_{11} & k_{12} & \cdots & k_{1n} \\ k_{21} & k_{22} & \cdots & k_{2n} \\ \vdots & \vdots & & \vdots \\ k_{n1} & k_{n2} & \cdots & k_{nn} \end{pmatrix} \begin{pmatrix} y_1 \\ y_2 \\ \vdots \\ y_n \end{pmatrix} = \begin{pmatrix} 0 \\ 0 \\ \vdots \\ 0 \end{pmatrix} \quad (12-47)
$$

或简写为

$$
M\ddot{Y} + KY = 0 \qquad\qquad (12-48)
$$

式中 M 为质量矩阵,在集中质量的结构中它是对角矩阵;K 为刚度矩阵,根据反力互等定理,它是对称矩阵;$\ddot{Y}$ 为加速度列向量;Y 为位移列向量。

式(12 – 46)或式(12 – 48)就是按刚度法建立的多自由度结构的无阻尼自由振动微分方程。

如果按柔度法来建立振动微分方程,则可将各质点的惯性力看作是静力荷载(图 12 – 20a),在这些荷载作用下,结构上任一质点 m_i 处的位移应为

$$
y_i = \delta_{i1}(-m_1\ddot{y}_1) + \delta_{i2}(-m_2\ddot{y}_2) + \cdots + \delta_{ii}(-m_i\ddot{y}_i) + \cdots +
$$

$$\delta_{ij}(-m_j\ddot{y}_j) + \cdots + \delta_{in}(-m_n\ddot{y}_n) \tag{d}$$

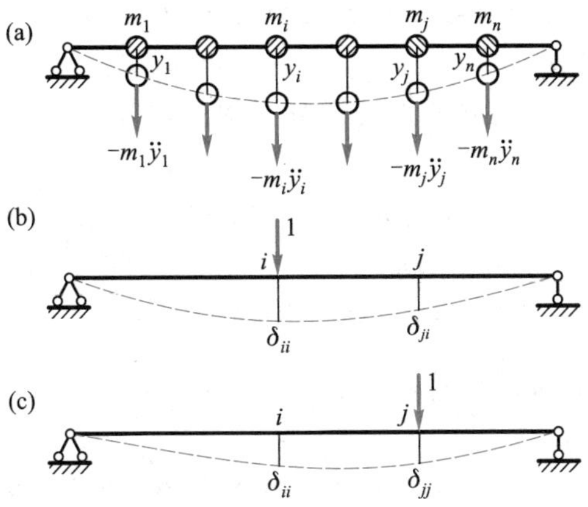

图 12 −20

式中 δ_{ii}、δ_{ij} 等是结构的柔度系数,它们的物理意义见图 12 −20b、c 所示。据此,可以建立 n 个位移方程:

$$\left.\begin{array}{c} y_1 + \delta_{11}m_1\ddot{y}_1 + \delta_{12}m_2\ddot{y}_2 + \cdots + \delta_{1n}m_n\ddot{y}_n = 0 \\ y_2 + \delta_{21}m_1\ddot{y}_1 + \delta_{22}m_2\ddot{y}_2 + \cdots + \delta_{2n}m_n\ddot{y}_n = 0 \\ \cdots\cdots\cdots\cdots \\ y_n + \delta_{n1}m_1\ddot{y}_1 + \delta_{n2}m_2\ddot{y}_2 + \cdots + \delta_{nn}m_n\ddot{y}_n = 0 \end{array}\right\} \tag{12−49}$$

写成矩阵形式,就有

$$\begin{pmatrix} y_1 \\ y_2 \\ \vdots \\ y_n \end{pmatrix} + \begin{pmatrix} \delta_{11} & \delta_{12} & \cdots & \delta_{1n} \\ \delta_{21} & \delta_{22} & \cdots & \delta_{2n} \\ \vdots & \vdots & & \vdots \\ \delta_{n1} & \delta_{n2} & \cdots & \delta_{nn} \end{pmatrix} \begin{pmatrix} m_1 & & & 0 \\ & m_2 & & \\ & & \ddots & \\ 0 & & & m_n \end{pmatrix} \begin{pmatrix} \ddot{y}_1 \\ \ddot{y}_2 \\ \vdots \\ \ddot{y}_n \end{pmatrix} = \begin{pmatrix} 0 \\ 0 \\ \vdots \\ 0 \end{pmatrix} \tag{12−50}$$

或简写为

$$Y + \delta M \ddot{Y} = 0 \tag{12−51}$$

式中 δ 为结构的柔度矩阵,根据位移互等定理,它是对称矩阵。

式(12−49)或(12−51)就是按柔度法建立的多自由度结构的无阻尼自由振动微分方程。

若对式(12−51)左乘以 δ^{-1},则有

$$\delta^{-1}Y + M\ddot{Y} = 0 \tag{e}$$

与式(12−48)对比,显然应有

$$\delta^{-1} = K \tag{12−52}$$

即柔度矩阵和刚度矩阵是互为逆阵的。可见不论按刚度法或柔度法来建立结构

的振动微分方程,实质都一样,只是表现形式不同而已。当结构的柔度系数比刚度系数较易求得时,宜采用柔度法,反之则宜采用刚度法。

2. 按柔度法求解

现在讨论按柔度法建立的振动微分方程的求解。设式(12－49)的特解取如下形式：

$$y_i = A_i \sin(\omega t + \varphi) \quad (i = 1, 2, \cdots, n) \tag{f}$$

亦即设所有质点都按同一频率同一相位作同步简谐振动,但各质点的振幅值各不相同。将式(f)代入式(12－49)并消去公因子 $\sin(\omega t + \varphi)$ 可得

$$\left.\begin{array}{l} \left(\delta_{11} m_1 - \dfrac{1}{\omega^2}\right) A_1 + \delta_{12} m_2 A_2 + \cdots + \delta_{1n} m_n A_n = 0 \\[2mm] \delta_{21} m_1 A_1 + \left(\delta_{22} m_2 - \dfrac{1}{\omega^2}\right) A_2 + \cdots + \delta_{2n} m_n A_n = 0 \\[2mm] \cdots\cdots\cdots \\[2mm] \delta_{n1} m_1 A_1 + \delta_{n2} m_2 A_2 + \cdots + \left(\delta_{nn} m_n - \dfrac{1}{\omega^2}\right) A_n = 0 \end{array}\right\} \tag{12－53}$$

写成矩阵形式则为

$$\left(\delta M - \frac{1}{\omega^2} I\right) A = 0 \tag{12－54}$$

式中

$$A = (A_1 \quad A_2 \quad \cdots \quad A_n)^{\mathrm{T}}$$

为振幅列向量,I 是单位矩阵。

式(12－53)为振幅 $A_1, A_2, \cdots, A_n$ 的齐次方程,称为振幅方程。当 A_1, $A_2, \cdots, A_n$ 全为零时该式满足,但这对应于无振动的静止状态。要得到 A_1, $A_2, \cdots, A_n$ 不全为零的解答,则必须是该方程组的系数行列式等于零,即

$$\begin{vmatrix} \left(\delta_{11} m_1 - \dfrac{1}{\omega^2}\right) & \delta_{12} m_2 & \cdots & \delta_{1n} m_n \\[2mm] \delta_{21} m_1 & \left(\delta_{22} m_2 - \dfrac{1}{\omega^2}\right) & \cdots & \delta_{2n} m_n \\[2mm] \vdots & \vdots & & \vdots \\[2mm] \delta_{n1} m_1 & \delta_{n2} m_2 & \cdots & \left(\delta_{nn} m_n - \dfrac{1}{\omega^2}\right) \end{vmatrix} = 0 \tag{12－55}$$

或写为

$$\left|\delta M - \frac{1}{\omega^2} I\right| = 0 \tag{12－56}$$

将行列式展开,可得到一个含 $\dfrac{1}{\omega^2}$ 的 n 次代数方程,由此可解出 $\dfrac{1}{\omega^2}$ 的 n 个正实根,

从而得出 n 个自振频率 $\omega_1, \omega_2, \cdots, \omega_n$，若按它们的数值由小到大依次排列，则分别称为第一阶，第二阶，$\cdots$，第 n 阶自振频率，并总称为结构自振的频谱。我们把用以确定 ω 数值的式（12－55）或式（12－56）称为频率方程。

将 n 个自振频率中的任一个 ω_k 代入式（f），即得特解为

$$y_i^{(k)} = A_i^{(k)} \sin(\omega_k t + \varphi_k) \quad (i = 1, 2, \cdots, n) \tag{12－57}$$

此时各质点按同一频率 ω_k 作同步简谐振动，但各质点的位移相互间的比值

$$y_1^{(k)} : y_2^{(k)} : \cdots : y_n^{(k)} = A_1^{(k)} : A_2^{(k)} : \cdots : A_n^{(k)}$$

却并不随时间而变化，也就是说在任何时刻结构的振动都保持同一形状，整个结构就像一个单自由度结构一样在振动。多自由度结构按任一自振频率 ω_k 进行的简谐振动称为主振动，而其相应的特定振动形式称为主振型或简称振型。

要确定振型便须确定各质点振幅间的比值。为此，可将 ω_k 值代回振幅方程（12－53）而得

$$\left.\begin{array}{l} \left(\delta_{11} m_1 - \dfrac{1}{\omega_k^2}\right) A_1^{(k)} + \delta_{12} m_2 A_2^{(k)} + \cdots + \delta_{1n} m_n A_n^{(k)} = 0 \\[2mm] \delta_{21} m_1 A_1^{(k)} + \left(\delta_{22} m_2 - \dfrac{1}{\omega_k^2}\right) A_2^{(k)} + \cdots + \delta_{2n} m_n A_n^{(k)} = 0 \\[2mm] \qquad\qquad \cdots\cdots\cdots\cdots \\[2mm] \delta_{n1} m_1 A_1^{(k)} + \delta_{n2} m_2 A_2^{(k)} + \cdots + \left(\delta_{nn} m_n - \dfrac{1}{\omega_k^2}\right) A_n^{(k)} = 0 \end{array}\right\} \quad (k = 1, 2, \cdots, n)$$

$$\tag{12－58}$$

或写为

$$\left(\boldsymbol{\delta M} - \frac{1}{\omega_k^2} \boldsymbol{I}\right) \boldsymbol{A}^{(k)} = \boldsymbol{0} \quad (k = 1, 2, \cdots, n) \tag{12－59}$$

由于此时式（12－58）的系数行列式为零，故其 n 个方程中只有 $(n-1)$ 个是独立的，因而不能求得 $A_1^{(k)}, A_2^{(k)}, \cdots, A_n^{(k)}$ 的确定值，但可确定各质点振幅间的相对比值，这便确定了振型。

式（12－59）中的

$$\boldsymbol{A}^{(k)} = \begin{pmatrix} A_1^{(k)} & A_2^{(k)} & \cdots & A_n^{(k)} \end{pmatrix}^{\mathrm{T}}$$

称为与 ω_k 相应的主振型向量。如果假定了其中任一个元素的值，例如通常假定第一个元素的 $A_i^{(k)} = 1$，便可求出其余各元素值，这样求得的振型称为归一化或正则化振型。

一个结构有 n 个自由度，便有 n 个自振频率，相应地便有 n 个主振动和主振型，它们都是振动微分方程的特解。这些主振动的线性组合，就构成振动微分方程的一般解：

$$y_i = A_i^{(1)} \sin(\omega_1 t + \varphi_1) + A_i^{(2)} \sin(\omega_2 t + \varphi_2) + \cdots + A_i^{(n)} \sin(\omega_n t + \varphi_n)$$

$$= \sum_{k=1}^{n} A_i^{(k)} \sin(\omega_k t + \varphi_k) \quad (i = 1, 2, \cdots, n) \tag{12-60}$$

即在一般情况下,各质点的振动将是由 n 个不同频率的主振动分量叠加而成。各主振动分量的振幅 $A_i^{(k)}$ 及初相角 φ_k 将取决于初始条件。由于在每一主振动分量中,各质点振幅之比亦即振型是固定的,故只要确定了任一质点的振幅,所有质点的振幅便可确定。这样,在式(12 – 60)的 $A_i^{(k)}$ 中,独立的参数便只有 n 个,再加上 n 个 φ_k,共有 $2n$ 个待定常数,它们可由 n 个质点的初位移和初速度共 $2n$ 个初始条件确定。显然,初始条件不同,$A_i^{(k)}$ 及 φ_k 值将随之不同。然而自振频率和振型却不因初始条件不同而异,它们与外因激振无关。由式(12 – 55)及式(12 – 58)可知,自振频率和振型只取决于结构的质量分布和柔度系数(或刚度系数),因而它们反映着结构本身固有的动力特性。以后可以看到,在多自由度结构的动力计算中,确定自振频率及振型将是首要的任务。

多自由度结构中最简单的情况是只具有两个自由度的结构,此时,振幅方程(12 – 53)成为

$$\left.\begin{array}{l} \left(\delta_{11}m_1 - \dfrac{1}{\omega^2}\right)A_1 + \delta_{12}m_2A_2 = 0 \\[3mm] \delta_{21}m_1A_1 + \left(\delta_{22}m_2 - \dfrac{1}{\omega^2}\right)A_2 = 0 \end{array}\right\} \tag{g}$$

频率方程为

$$\begin{vmatrix} \delta_{11}m_1 - \dfrac{1}{\omega^2} & \delta_{12}m_2 \\[3mm] \delta_{21}m_1 & \delta_{22}m_2 - \dfrac{1}{\omega^2} \end{vmatrix} = 0 \tag{h}$$

将其展开并令 $\lambda = \dfrac{1}{\omega^2}$ 得

$$\lambda^2 - (\delta_{11}m_1 + \delta_{22}m_2)\lambda + (\delta_{11}\delta_{22} - \delta_{12}^2)m_1m_2 = 0$$

由此解得 λ 的两个根为

$$\left.\begin{array}{l} \lambda_1 = \dfrac{(\delta_{11}m_1 + \delta_{22}m_2) + \sqrt{(\delta_{11}m_1 + \delta_{22}m_2)^2 - 4(\delta_{11}\delta_{22} - \delta_{12}^2)m_1m_2}}{2} \\[5mm] \lambda_2 = \dfrac{(\delta_{11}m_1 + \delta_{22}m_2) - \sqrt{(\delta_{11}m_1 + \delta_{22}m_2)^2 - 4(\delta_{11}\delta_{22} - \delta_{12}^2)m_1m_2}}{2} \end{array}\right\}$$

$$\tag{12-61}$$

从而可得两个自振频率为

$$\left.\begin{array}{l}\omega_1 = \dfrac{1}{\sqrt{\lambda_1}} \\[3mm] \omega_2 = \dfrac{1}{\sqrt{\lambda_2}}\end{array}\right\} \qquad (12-62)$$

下面确定相应的两个主振型。求第一阶振型时,将 $\omega=\omega_1$ 代入式(g),由于系数行列式为零,所以两个方程线性相关,只有一个是独立的,可由其中任何一式求得 $A_1^{(1)}$ 与 $A_2^{(1)}$ 的比值,比如由第一式可得

$$\rho_1 = \frac{A_2^{(1)}}{A_1^{(1)}} = \frac{\dfrac{1}{\omega_1^2} - \delta_{11}m_1}{\delta_{12}m_2} \qquad (12-63)$$

同理可求得第二阶振型为

$$\rho_2 = \frac{A_2^{(2)}}{A_1^{(2)}} = \frac{\dfrac{1}{\omega_2^2} - \delta_{11}m_1}{\delta_{12}m_2} \qquad (12-64)$$

例 12-3　试求图 12-21a 所示等截面简支梁的自振频率并确定其主振型。

解:结构有两个自由度,由图乘(图 12-21b、c)得

$$\delta_{11} = \delta_{22} = \frac{4l^3}{243EI}$$

$$\delta_{12} = \delta_{21} = \frac{7l^3}{486EI}$$

将它们代入式(12-61)并注意有 $m_1 = m_2 = m$,则可求得

$$\lambda_1 = (\delta_{11} + \delta_{12})m = \frac{15ml^3}{486EI}$$

$$\lambda_2 = (\delta_{11} - \delta_{12})m = \frac{ml^3}{486EI}$$

于是,得到

$$\omega_1 = \sqrt{\frac{1}{\lambda_1}} = \sqrt{\frac{486EI}{15ml^3}} = 5.69\sqrt{\frac{EI}{ml^3}}$$

$$\omega_2 = \sqrt{\frac{1}{\lambda_2}} = \sqrt{\frac{486EI}{ml^3}} = 22.05\sqrt{\frac{EI}{ml^3}}$$

由式(12-63)求得第一阶振型为

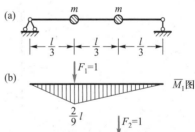

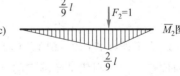

12-4　各阶振型图

图 12-21

$$\rho_1 = \frac{A_2^{(1)}}{A_1^{(1)}} = \frac{\lambda_1 - \delta_{11}m_1}{\delta_{12}m_2} = \frac{(\delta_{11}+\delta_{12})m - \delta_{11}m}{\delta_{12}m} = 1$$

这表明结构按第一阶频率振动时,两质点始终保持同向且相等的位移,其振型是

正对称的,如图 12-21d 所示。同理,由式(12-64)求得第二阶振型为

$$\rho_2 = \frac{A_2^{(2)}}{A_1^{(2)}} = \frac{\lambda_2 - \delta_{11} m_1}{\delta_{12} m_2} = \frac{(\delta_{11} - \delta_{12}) m - \delta_{11} m}{\delta_{12} m} = -1$$

可见按第二阶频率振动时,两质点的位移是等值而反向的,振型为反对称形状,如图 12-21e 所示。

由此例可以看出,若结构的刚度和质量分布都是对称的,则其主振型不是正对称便是反对称的。因此,求自振频率时,也可以分别就正、反对称的情况取一半结构来进行计算,这样就简化为两个单自由度结构的计算。

例 12-4 图 12-22a 所示刚架各杆 EI 都为常数,而假设将其质量集中于各结点处,分别为 m_1 和 $m_2 = 1.5 m_1$。试确定其自振频率和相应的振型。

解:此为对称结构,故其振型可分为正、反对称两种。根据受弯直杆忽略轴向变形的假定,可判定不可能发生正对称形式的振动,因此其振型只能是反对称的。于是可取图 12-22b 所示一半结构来计算,它是两个自由度的结构。

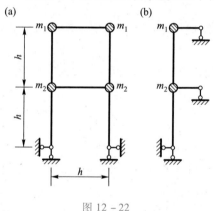

图 12-22

为了能按式(12-61)及(12-62)求得自振频率,须先求出各单位力作用下的位移。此半刚架是超静定的,应先解算超静定结构,作出它在单位力 $F_1 = 1$ 和 $F_2 = 1$ 分别作用下的弯矩图 M_1 和 M_2 图(图 12-23a、b);然后可取静定的基本结构,绘出其 $\overline{M}_1$ 和 $\overline{M}_2$ 图(图 12-23c、d)。用图乘法可求得

$$\delta_{11} = \sum \int \frac{M_1 \overline{M}_1 dx}{EI} = \frac{39 h^3}{48 EI}$$

$$\delta_{22} = \sum \int \frac{M_2 \overline{M}_2 dx}{EI} = \frac{23 h^3}{48 EI}$$

$$\delta_{12} = \sum \int \frac{M_1 \overline{M}_2 dx}{EI} = \frac{27 h^3}{48 EI}$$

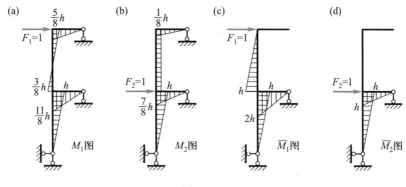

图 12－23

代入式(12－61)有

$$\lambda_1 = 1.456\ 1\ \frac{m_1 h^3}{EI}, \quad \lambda_2 = 0.075\ 1\ \frac{m_1 h^3}{EI}$$

从而得

$$\omega_1 = \sqrt{\frac{1}{\lambda_1}} = 0.83 \sqrt{\frac{EI}{m_1 h^3}}, \quad \omega_2 = \sqrt{\frac{1}{\lambda_2}} = 3.65 \sqrt{\frac{EI}{m_1 h^3}}$$

再由式(12－63)和(12－64)分别求得第一阶振型和第二阶振型为

$$\rho_1 = 0.763, \quad \rho_2 = -0.874$$

这表明,按第一阶频率作反对称振动时,上下两层的质点是同向振动的;而按第二阶频率作反对称振动时,上下两层的质点则反向振动,分别如图 12－24a、b 所示。

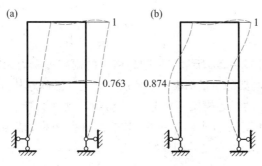

图 12－24

3. 按刚度法求解

以上是按柔度法求解。若按刚度法求解,推导过程与上相似。然而也可以利用柔度矩阵与刚度矩阵互为逆阵的关系,将前述求频率和振型的公式加以变换即可。为此,用 $\boldsymbol{\delta}^{-1}$ 左乘式(12－54)有

$$\left(M - \frac{1}{\omega^2} \delta^{-1} \right) A = 0$$

即

$$(K - \omega^2 M) A = 0 \qquad (12-65)$$

这便是按刚度法求解的振幅方程。因 A 不能全为零,故可得频率方程为

$$|K - \omega^2 M| = 0 \qquad (12-66)$$

将其展开,可解出 n 个自振频率 $\omega_1, \omega_2, \cdots, \omega_n$。再将它们逐一代回振幅方程 (12-65) 得

$$(K - \omega_k^2 M) A^{(k)} = 0 \qquad (k = 1, 2, \cdots, n) \qquad (12-67)$$

便可确定相应的 n 个主振型。

对于两个自由度的结构,频率方程 (12-66) 成为

$$\begin{vmatrix} k_{11} - \omega^2 m_1 & k_{12} \\ k_{21} & k_{22} - \omega^2 m_2 \end{vmatrix} = 0$$

展开得

$$m_1 m_2 (\omega^2)^2 - (k_{11} m_2 + k_{22} m_1) \omega^2 + (k_{11} k_{22} - k_{12}^2) = 0$$

由此解得 ω^2 的两个根为

$$\omega_{1,2}^2 = \frac{1}{2} \left(\frac{k_{11}}{m_1} + \frac{k_{22}}{m_2} \right) \mp \frac{1}{2} \sqrt{ \left(\frac{k_{11}}{m_1} + \frac{k_{22}}{m_2} \right)^2 - \frac{4(k_{11} k_{22} - k_{12}^2)}{m_1 m_2} } \qquad (12-68)$$

分别再开平方便可求得 ω_1 和 ω_2。两个主振型为

$$\left. \begin{aligned} \rho_1 &= \frac{A_2^{(1)}}{A_1^{(1)}} = \frac{\omega_1^2 m_1 - k_{11}}{k_{12}} \\ \rho_2 &= \frac{A_2^{(2)}}{A_1^{(2)}} = \frac{\omega_2^2 m_1 - k_{11}}{k_{12}} \end{aligned} \right\} \qquad (12-69)$$

例 12-5 图 12-25a 所示三层刚架横梁的刚度可视为无穷大,因而其变形可略去不计,并设刚架的质量都集中在各层横梁上。试确定其自振频率和主振型。

解: 此刚架振动时各横梁不能竖向移动和转动而只能作水平移动,故只有三个自由度。按刚度法的式 (12-66) 来求其自振频率,结构的刚度系数见图 12-25b、c 和 d,由此可建立其刚度矩阵为

$$K = \frac{24EI}{l^3} \begin{pmatrix} 6 & -2 & 0 \\ -2 & 3 & -1 \\ 0 & -1 & 1 \end{pmatrix}$$

而质量矩阵为

$$M = m \begin{pmatrix} 2 & 0 & 0 \\ 0 & 1.5 & 0 \\ 0 & 0 & 1 \end{pmatrix}$$

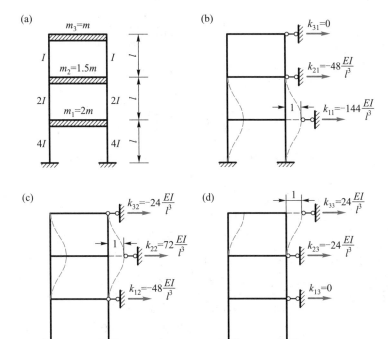

图 12 - 25

因而有

$$\boldsymbol{K} - \omega^2 \boldsymbol{M} = \frac{24EI}{l^3} \begin{pmatrix} 6 - 2\eta & -2 & 0 \\ -2 & 3 - 1.5\eta & -1 \\ 0 & -1 & 1 - \eta \end{pmatrix} \tag{a}$$

式中

$$\eta = \frac{ml^3}{24EI} \omega^2 \tag{b}$$

将式(a)代入式(12 - 66)应有

$$\begin{vmatrix} 6 - 2\eta & -2 & 0 \\ -2 & 3 - 1.5\eta & -1 \\ 0 & -1 & 1 - \eta \end{vmatrix} = 0$$

展开得

$$3\eta^3 - 18\eta^2 + 27\eta - 8 = 0$$

由试算法可解得其三个根为

$$\eta_1 = 0.392, \quad \eta_2 = 1.774 \quad \eta_3 = 3.834$$

由式(b)求得三个自振频率为

$$\omega_1 = \sqrt{\frac{24EI}{ml^3}\eta_1} = 3.067\sqrt{\frac{EI}{ml^3}}$$

$$\omega_2 = \sqrt{\frac{24EI}{ml^3}\eta_2} = 6.525\sqrt{\frac{EI}{ml^3}}$$

$$\omega_3 = \sqrt{\frac{24EI}{ml^3}\eta_3} = 9.592\sqrt{\frac{EI}{ml^3}}$$

下面来确定主振型。将式(a)代入式(12−67)并约去公因子$\frac{24EI}{l^3}$有

$$\begin{pmatrix} 6-2\eta_k & -2 & 0 \\ -2 & 3-1.5\eta_k & -1 \\ 0 & -1 & 1-\eta_k \end{pmatrix} \begin{pmatrix} A_1^{(k)} \\ A_2^{(k)} \\ A_3^{(k)} \end{pmatrix} = \begin{pmatrix} 0 \\ 0 \\ 0 \end{pmatrix} \qquad (c)$$

将$\omega_k = \omega_1$亦即$\eta_k = \eta_1 = 0.392$代入式(c)有

$$\begin{pmatrix} 5.216 & -2 & 0 \\ -2 & 2.412 & -1 \\ 0 & -1 & 0.608 \end{pmatrix} \begin{pmatrix} A_1^{(1)} \\ A_2^{(1)} \\ A_3^{(1)} \end{pmatrix} = \begin{pmatrix} 0 \\ 0 \\ 0 \end{pmatrix}$$

因上式的系数行列式为零,故三个方程中只有两个是独立的,可由三个方程中任取两个,如取前两个方程:

$$\begin{cases} 5.216A_1^{(1)} - 2A_2^{(1)} = 0 \\ -2A_1^{(1)} + 2.412A_2^{(1)} - A_3^{(1)} = 0 \end{cases}$$

并假设$A_1^{(1)} = 1$,即可求得归一化的第一阶振型为

$$\boldsymbol{A}^{(1)} = \begin{pmatrix} A_1^{(1)} \\ A_2^{(1)} \\ A_3^{(1)} \end{pmatrix} = \begin{pmatrix} 1 \\ 2.608 \\ 4.290 \end{pmatrix}$$

同理,可求得第二阶和第三阶振型分别为

$$\boldsymbol{A}^{(2)} = \begin{pmatrix} A_1^{(2)} \\ A_2^{(2)} \\ A_3^{(2)} \end{pmatrix} = \begin{pmatrix} 1 \\ 1.226 \\ -1.584 \end{pmatrix}, \quad \boldsymbol{A}^{(3)} = \begin{pmatrix} A_1^{(3)} \\ A_2^{(3)} \\ A_3^{(3)} \end{pmatrix} = \begin{pmatrix} 1 \\ -0.834 \\ 0.294 \end{pmatrix}$$

第一阶、二阶、三阶振型分别如图12−26a、b和c所示。由本例(以及前面的例题)可以看出:一般地说,频率越高,振型的形状也越复杂。通常,当某一个质点上有一个力作用(其余各质点上均无力作用)时,各质点位移的方向即为第一阶振型中各质点位移的方向。可据此事先估计最低振型的大致形状。

4. 主振型的正交性

由上已知,n个自由度的结构具有n个自振频率及n个主振型,每一频率及

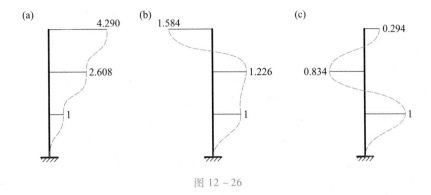

图 12 - 26

其相应的主振型均满足式(12-67)即

$$(K - \omega_k^2 M)A^{(k)} = 0$$

现在来说明任何两个不同的主振型向量之间的正交性。在式(12-67)中,分别取 $k=i$ 和 $k=j$,可得

$$KA^{(i)} = \omega_i^2 MA^{(i)} \qquad\qquad (\text{a})$$

和

$$KA^{(j)} = \omega_j^2 MA^{(j)} \qquad\qquad (\text{b})$$

对式(a)两边左乘以 $A^{(j)}$ 的转置矩阵 $(A^{(j)})^{\mathrm{T}}$,对式(b)两边左乘 $(A^{(i)})^{\mathrm{T}}$,则有

$$(A^{(j)})^{\mathrm{T}}KA^{(i)} = \omega_i^2 (A^{(j)})^{\mathrm{T}}MA^{(i)} \qquad\qquad (\text{c})$$

$$(A^{(i)})^{\mathrm{T}}KA^{(j)} = \omega_j^2 (A^{(i)})^{\mathrm{T}}MA^{(j)} \qquad\qquad (\text{d})$$

由于 K 和 M 均为对称矩阵,故 $K^{\mathrm{T}} = K, M^{\mathrm{T}} = M$。将式(d)两边转置,将有

$$(A^{(j)})^{\mathrm{T}}KA^{(i)} = \omega_j^2 (A^{(j)})^{\mathrm{T}}MA^{(i)} \qquad\qquad (\text{e})$$

再将式(c)减去式(e)得

$$(\omega_i^2 - \omega_j^2)(A^{(j)})^{\mathrm{T}}MA^{(i)} = 0$$

当 $i \neq j$ 时,$\omega_i \neq \omega_j$,于是应有

$$(A^{(j)})^{\mathrm{T}}MA^{(i)} = 0 \qquad\qquad (12-70)$$

这表明,对于质量矩阵 M,不同频率的两个主振型是彼此正交的,这是主振型之间的第一个正交关系。将这一关系代入式(c),立即可知:

$$(A^{(j)})^{\mathrm{T}}KA^{(i)} = 0 \qquad\qquad (12-71)$$

可见,对于刚度矩阵 K,不同频率的两个主振型也是彼此正交的,这是主振型之间的第二个正交关系。对于只具有集中质量的结构,由于 M 是对角矩阵,故式(12-70)比式(12-71)要简单一些。主振型的正交性也是结构本身固有的特性,它不仅可以用来简化结构的动力计算,而且可用以检验所求得的主振型是否正确。

例如检查例 12-5 中的 $A^{(1)}$ 和 $A^{(2)}$ 时,有

$$(A^{(1)})^{\mathrm{T}}MA^{(2)} = (1 \quad 2.608 \quad 4.290)m\begin{pmatrix} 2 & 0 & 0 \\ 0 & 1.5 & 0 \\ 0 & 0 & 1 \end{pmatrix}\begin{pmatrix} 1 \\ 1.226 \\ -1.584 \end{pmatrix}$$

$$= (1 \times 2 \times 1 + 2.608 \times 1.5 \times 1.226 - 4.290 \times 1 \times 1.584)m$$

$$= (6.796 - 6.795)m$$

$$= 0.001m \approx 0$$

故可认为满足正交性要求。

主振型之间的正交性从物理意义上的解释是:主振型之间的第一个正交关系的含义就是第 i 阶振型的惯性力在经历第 j 阶振型位移时所作的功等于零;而主振型之间的第二个正交关系的含义则是与第 i 阶振型位移有关的等效静力在经历第 j 阶振型位移时所作的功等于零。其证明可参阅本书参考文献[7]。

§12 −7 多自由度结构在简谐荷载作用下的受迫振动

与单自由度结构一样,在动力荷载作用下多自由度结构的受迫振动开始也存在一个过渡阶段。由于实际上阻尼的存在,不久即进入平稳阶段。我们将只讨论平稳阶段的纯受迫振动,本节研究结构承受简谐荷载,且各荷载的频率和相位都相同的情况。

图 12 −27a 所示无重量简支梁上有 n 个集中质点,并承受 k 个简谐周期荷载 $F_1\sin\theta t, F_2\sin\theta t, \cdots, F_k\sin\theta t$ 的作用,按柔度法来建立其振动微分方程。显然,目前的情况与上节的自由振动不同之处在于结构除受到 n 个质点的惯性力 $F_{\mathrm{I}i}$ 作用外,还受到 k 个动力荷载的作用,因而任一质点 m_i 的位移 y_i 应为

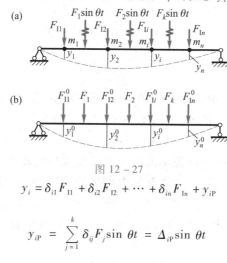

图 12 −27

$$y_i = \delta_{i1}F_{\mathrm{I}1} + \delta_{i2}F_{\mathrm{I}2} + \cdots + \delta_{in}F_{\mathrm{I}n} + y_{i\mathrm{P}}$$

式中

$$y_{i\mathrm{P}} = \sum_{j=1}^{k}\delta_{ij}F_j\sin\theta t = \Delta_{i\mathrm{P}}\sin\theta t$$

其中

$$\Delta_{iP} = \sum_{j=1}^{k} \delta_{ij} F_j$$

为各动力荷载同时达到最大值时在质点 m_i 处所引起的静力位移。根据以上式子,对 n 个质点可建立 n 个这样的位移方程,并注意到 $F_{1i} = -m_i \ddot{y}_i$,故可写为

$$\left. \begin{aligned}
y_1 + \delta_{11} m_1 \ddot{y}_1 + \delta_{12} m_2 \ddot{y}_2 + \cdots + \delta_{1n} m_n \ddot{y}_n = \Delta_{1P} \sin \theta t \\
y_2 + \delta_{21} m_1 \ddot{y}_1 + \delta_{22} m_2 \ddot{y}_2 + \cdots + \delta_{2n} m_n \ddot{y}_n = \Delta_{2P} \sin \theta t \\
\cdots\cdots\cdots\cdots \\
y_n + \delta_{n1} m_1 \ddot{y}_1 + \delta_{n2} m_2 \ddot{y}_2 + \cdots + \delta_{nn} m_n \ddot{y}_n = \Delta_{nP} \sin \theta t
\end{aligned} \right\} \quad (12-72)$$

写成矩阵形式,便有

$$\boldsymbol{Y} + \boldsymbol{\delta M} \ddot{\boldsymbol{Y}} = \boldsymbol{\Delta}_P \sin \theta t \quad (12-73)$$

式中 $\boldsymbol{\Delta}_P = (\Delta_{1P} \quad \Delta_{2P} \quad \cdots \quad \Delta_{nP})^T$,为荷载幅值引起的静力位移列向量。

以上线性微分方程组的一般解将包括两部分:一部分反映结构的自由振动,由于阻尼作用将很快衰减掉;另一部分为纯受迫振动,这是我们要着重研究的。

设在平稳阶段各质点均按干扰力的频率 θ 作同步简谐振动,亦即取纯受迫振动的解答为

$$y_i = y_i^0 \sin \theta t, \quad (i = 1, 2, \cdots, n) \quad (12-74)$$

其中 y_i^0 为质点 m_i 的振幅。将上式代入式(12−72)并注意到 $\ddot{y}_i = -y_i^0 \theta^2 \sin \theta t$,可得

$$\left. \begin{aligned}
\left(\delta_{11} m_1 - \frac{1}{\theta^2} \right) y_1^0 + \delta_{12} m_2 y_2^0 + \cdots + \delta_{1n} m_n y_n^0 + \frac{\Delta_{1P}}{\theta^2} = 0 \\
\delta_{21} m_1 y_1^0 + \left(\delta_{22} m_2 - \frac{1}{\theta^2} \right) y_2^0 + \cdots + \delta_{2n} m_n y_n^0 + \frac{\Delta_{2P}}{\theta^2} = 0 \\
\cdots\cdots\cdots\cdots \\
\delta_{n1} m_1 y_1^0 + \delta_{n2} m_2 y_2^0 + \cdots + \left(\delta_{nn} m_n - \frac{1}{\theta^2} \right) y_n^0 + \frac{\Delta_{nP}}{\theta^2} = 0
\end{aligned} \right\} \quad (12-75)$$

或写为

$$\left(\boldsymbol{\delta M} - \frac{1}{\theta^2} \boldsymbol{I} \right) \boldsymbol{Y}^0 + \frac{1}{\theta^2} \boldsymbol{\Delta}_P = \boldsymbol{0} \quad (12-76)$$

式中 $\boldsymbol{I}$ 是单位矩阵,$\boldsymbol{Y}^0$ 是振幅向量。解此方程组即可求出各质点在纯受迫振动中的振幅 $y_1^0, y_2^0, \cdots, y_n^0$,再代入式(12−74)即得各质点的振动方程,并从而可得各质点的惯性力为

$$F_{1i} = -m_i \ddot{y}_i = m_i \theta^2 y_i^0 \sin \theta t = F_{1i}^0 \sin \theta t \quad (12-77)$$

式中 $F_{1i}^0 = m_i \theta^2 y_i^0$ 代表惯性力的幅值。

由式(12−74)、(12−77)及激振力的表达式可见,位移、惯性力及激振力都

将同时达到最大值。因此,在计算最大动力位移和内力时,可将惯性力和激振力的最大值当作静力荷载加于结构上(图 12-27b)进行计算。

为了便于求惯性力的幅值 $F_{\mathrm{I}i}^0$,可利用 $F_{\mathrm{I}i}^0 = m_i \theta^2 y_i^0$ 的关系,将式(12-75)改写成

$$\left.\begin{aligned}
&\left(\delta_{11} - \frac{1}{m_1 \theta^2}\right) F_{\mathrm{I}1}^0 + \delta_{12} F_{\mathrm{I}2}^0 + \cdots + \delta_{1n} F_{\mathrm{I}n}^0 + \Delta_{1P} = 0 \\
&\delta_{21} F_{\mathrm{I}1}^0 + \left(\delta_{22} - \frac{1}{m_2 \theta^2}\right) F_{\mathrm{I}2}^0 + \cdots + \delta_{2n} F_{\mathrm{I}n}^0 + \Delta_{2P} = 0 \\
&\cdots\cdots\cdots\cdots \\
&\delta_{n1} F_{\mathrm{I}1}^0 + \delta_{n2} F_{\mathrm{I}2}^0 + \cdots + \left(\delta_{nn} - \frac{1}{m_n \theta^2}\right) F_{\mathrm{I}n}^0 + \Delta_{nP} = 0
\end{aligned}\right\} \quad (12-78)$$

或写为

$$\left(\boldsymbol{\delta} - \frac{1}{\theta^2} \boldsymbol{M}^{-1}\right) \boldsymbol{F}_{\mathrm{I}}^0 + \boldsymbol{\Delta}_{\mathrm{P}} = \boldsymbol{0} \quad (12-79)$$

这里 $\boldsymbol{F}_{\mathrm{I}}^0$ 是惯性力幅值列向量。这样便可直接解得各惯性力幅值。

当 $\theta = \omega_k (k = 1, 2, \cdots, n)$,亦即激振力的频率与任一个自振频率相等时,由式(12-55)可知,此时式(12-75)的系数行列式将等于零,因而振幅、惯性力及内力值均为无限大,这便是共振现象。实际上由于存在阻尼,振幅等量值不会为无限大,但这对结构仍是很危险的,故应避免。

例 12-6　图 12-28a 所示为一等截面刚架,其上有四个集中质量,已知 m_1 的重量为 1 kN,m_2 的重量为 0.5 kN,在 m_2 上有水平振动荷载 $F \sin \theta t$ 作用,其中 $F = 5$ kN,每分钟振动 300 次,$l = 4$ m,$EI = 5 \times 10^3$ kN·m²。试作此刚架的最大动力弯矩图。

解:此为对称刚架承受反对称的振动荷载,故可取图 12-28b 所示半个刚架进行计算。它具有三个自由度:m_1 的水平位移和 m_2 的水平及竖向位移。今以 $F_{\mathrm{I}1}^0$ 代表 m_1 的惯性力幅值,$F_{\mathrm{I}2}^0$ 和 $F_{\mathrm{I}3}^0$ 分别代表 m_2 沿水平和竖向的惯性力幅值,按式(12-78)有

$$\left.\begin{aligned}
&\left(\delta_{11} - \frac{1}{m_1 \theta^2}\right) F_{\mathrm{I}1}^0 + \delta_{12} F_{\mathrm{I}2}^0 + \delta_{13} F_{\mathrm{I}3}^0 + \Delta_{1P} = 0 \\
&\delta_{21} F_{\mathrm{I}1}^0 + \left(\delta_{22} - \frac{1}{m_2 \theta^2}\right) F_{\mathrm{I}2}^0 + \delta_{23} F_{\mathrm{I}3}^0 + \Delta_{2P} = 0 \\
&\delta_{31} F_{\mathrm{I}1}^0 + \delta_{32} F_{\mathrm{I}2}^0 + \left(\delta_{33} - \frac{1}{m_2 \theta^2}\right) F_{\mathrm{I}3}^0 + \Delta_{3P} = 0
\end{aligned}\right\} \quad (a)$$

为了求出上式中的系数和自由项,作出 $\overline{M}_1 \, \overline{M}_2 \, \overline{M}_3$ 和 M_{P} 图如图 12-28c～f 所示。由图乘法得

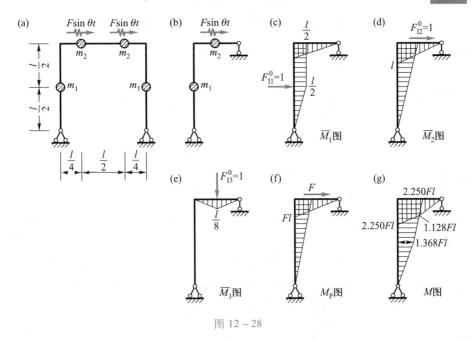

图 12−28

$$EI\delta_{11} = \frac{5}{24}l^3 = 13.33 \text{ m}^3, \quad EI\delta_{22} = \frac{l^3}{2} = 32.00 \text{ m}^3, \quad EI\delta_{33} = \frac{l^3}{384} = 0.17 \text{ m}^3$$

$$EI\delta_{12} = \frac{5l^3}{16} = 20.00 \text{ m}^3, \quad EI\delta_{13} = \frac{l^3}{128} = 0.50 \text{ m}^3, \quad EI\delta_{23} = \frac{l^3}{64} = 1.00 \text{ m}^3$$

$$EI\Delta_{1P} = \frac{5Fl^3}{16} = 20F \text{ m}^3, \quad EI\Delta_{2P} = \frac{Fl^3}{2} = 32F \text{ m}^3, \quad EI\Delta_{3P} = \frac{Fl^3}{64} = F \text{ m}^3$$

两集中质量的数值为

$$m_1 = \frac{1}{9.81} = 0.102 \text{ kN} \cdot \text{s}^2/\text{m}, \quad m_2 = \frac{0.5}{9.81} = 0.051 \text{ kN} \cdot \text{s}^2/\text{m}$$

振动荷载的频率为

$$\theta = \frac{2\pi \times 300}{60 \text{ s}} = 10\pi \text{ s}^{-1}$$

根据上列数据和 $EI = 5 \times 10^3 \text{ kN} \cdot \text{m}^2$，有

$$EI\left(\delta_{11} - \frac{1}{m_1\theta^2}\right) = 13.33 \text{ m}^3 - 49.67 \text{ m}^3 = -36.34 \text{ m}^3$$

$$EI\left(\delta_{22} - \frac{1}{m_2\theta^2}\right) = 32.00 \text{ m}^3 - 99.33 \text{ m}^3 = -67.33 \text{ m}^3$$

$$EI\left(\delta_{33} - \frac{1}{m_2\theta^2}\right) = 0.17 \text{ m}^3 - 99.33 \text{ m}^3 = -99.16 \text{ m}^3$$

将各有关数值代入式(a)即得

$$-36.34F_{I1}^0 + 20.00F_{I2}^0 + 0.50F_{I3}^0 + 20F = 0$$
$$20.00F_{I1}^0 - 67.33F_{I2}^0 + 1.00F_{I3}^0 + 32F = 0$$
$$0.50F_{I1}^0 + 1.00F_{I2}^0 - 99.16F_{I3}^0 + F = 0$$

解方程组得

$$F_{I1}^0 = 0.971F, \quad F_{I2}^0 = 0.764F, \quad F_{I3}^0 = 0.023F$$

按下式

$$M = F_{I1}^0 \overline{M}_1 + F_{I2}^0 \overline{M}_2 + F_{I3}^0 \overline{M}_3 + M_P$$

叠加,即得最大动力弯矩图如图 12 – 28g 所示。

从以上计算结果可知,如果略去质量 m_2 的竖向位移及其相应的惯性力,则对于最后结果只有很小的影响。这样就可将该刚架简化为两个自由度结构来处理。

上面是按柔度法求解,下面再给出按刚度法求解的有关公式。对于图 12 – 29 所示 n 个自由度的结构,当各激振力均作用在质点处时,仿照式(12 – 46)的建立过程,可得出其动力平衡方程如下:

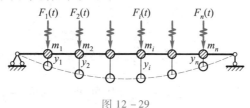

图 12 – 29

$$m_1 \ddot{y}_1 + k_{11}y_1 + k_{12}y_2 + \cdots + k_{1n}y_n = F_1(t)$$
$$m_2 \ddot{y}_2 + k_{21}y_1 + k_{22}y_2 + \cdots + k_{2n}y_n = F_2(t)$$
$$\cdots\cdots\cdots\cdots$$
$$m_n \ddot{y}_n + k_{n1}y_1 + k_{n2}y_2 + \cdots + k_{nn}y_n = F_n(t)$$

（12 – 80）

写成矩阵形式则为

$$M\ddot{Y} + KY = F(t) \tag{12 – 81}$$

若各激振力均为同步简谐荷载,即

$$F(t) = F\sin\theta t$$

式中 $F = (F_1 \quad F_2 \quad \cdots \quad F_n)^T$,为荷载幅值向量,则在平稳阶段各质点亦均按频率 θ 作同步简谐振动:

$$Y = Y^0 \sin\theta t \tag{12 – 82}$$

代入式(12 – 81)并消去 $\sin\theta t$ 得

$$(K - \theta^2 M)Y^0 = F \tag{12 – 83}$$

由上式便可解算各质点的振幅值。然后代入式(12 – 82)即得各质点的位移方程,并可求得各质点的惯性力:

$$\boldsymbol{F}_1 = -\boldsymbol{M}\ddot{\boldsymbol{Y}} = \theta^2 \boldsymbol{M}\boldsymbol{Y}^0 \sin\theta t = \boldsymbol{F}_1^0 \sin\theta t \tag{12 −84}$$

式中 $\boldsymbol{F}_1$ 是惯性力列向量，$\boldsymbol{F}_1^0 = \theta^2 \boldsymbol{M}\boldsymbol{Y}^0$ 为惯性力幅值列向量，利用此关系又可将式(12 −83)改写为

$$(\boldsymbol{K}\boldsymbol{M}^{-1} - \theta^2 \boldsymbol{I})\boldsymbol{F}_1^0 = \theta^2 \boldsymbol{F} \tag{12 −85}$$

式中 $\boldsymbol{I}$ 是单位矩阵。由上式即可直接求解惯性力幅值。前已指出，由于位移、惯性力均与激振力同时达到最大值，故可将惯性力和激振力的最大值当作静力荷载作用于结构，以计算最大动力位移和内力。

§12 −8　振型分解法

多自由度结构的无阻尼受迫振动微分方程已在上节导出，按刚度法有

$$\boldsymbol{M}\ddot{\boldsymbol{Y}} + \boldsymbol{K}\boldsymbol{Y} = \boldsymbol{F}(t)$$

前已指出，对于只具有集中质量的结构，质量矩阵 $\boldsymbol{M}$ 是对角矩阵，但刚度矩阵 $\boldsymbol{K}$ 一般不是对角矩阵，因此方程组是联立的，或者说是耦联的。当荷载 $\boldsymbol{F}(t)$ 不是按简谐规律变化而是任意动力荷载时，求解联立微分方程组是很困难的。若能设法解除方程组的耦联，亦即使其变为一个个独立方程，则可使计算大为简化。实际上这一目的可以利用主振型的正交性通过坐标变换的途径来实现。

前面所建立的多自由度结构的振动微分方程，是以各质点的位移 $y_1, y_2, \cdots,$ y_n 为对象来求解的，位移向量

$$\boldsymbol{Y} = (y_1 \quad y_2 \quad \cdots \quad y_n)^{\mathrm{T}}$$

称为<u>几何坐标</u>。为了解除方程组的耦联，我们进行如下的坐标变换：将结构已归一化的 n 个主振型向量表示为 $\boldsymbol{\Phi}^{(1)}, \boldsymbol{\Phi}^{(2)}, \cdots, \boldsymbol{\Phi}^{(n)}$ 并作为基底，把几何坐标 $\boldsymbol{Y}$ 表示为基底的线性组合，即

$$\boldsymbol{Y} = \alpha_1 \boldsymbol{\Phi}^{(1)} + \alpha_2 \boldsymbol{\Phi}^{(2)} + \cdots + \alpha_n \boldsymbol{\Phi}^{(n)} \tag{12 −86}$$

这也就是将位移向量 $\boldsymbol{Y}$ 按各主振型进行分解。上式的展开形式为

$$\begin{pmatrix} y_1 \\ y_2 \\ \vdots \\ y_n \end{pmatrix} = \alpha_1 \begin{pmatrix} \Phi_1^{(1)} \\ \Phi_2^{(1)} \\ \vdots \\ \Phi_n^{(1)} \end{pmatrix} + \alpha_2 \begin{pmatrix} \Phi_1^{(2)} \\ \Phi_2^{(2)} \\ \vdots \\ \Phi_n^{(2)} \end{pmatrix} + \cdots + \alpha_n \begin{pmatrix} \Phi_1^{(n)} \\ \Phi_2^{(n)} \\ \vdots \\ \Phi_n^{(n)} \end{pmatrix}$$

$$= \begin{pmatrix} \Phi_1^{(1)} & \Phi_1^{(2)} & \cdots & \Phi_1^{(n)} \\ \Phi_2^{(1)} & \Phi_2^{(2)} & \cdots & \Phi_2^{(n)} \\ \vdots & \vdots & & \vdots \\ \Phi_n^{(1)} & \Phi_n^{(2)} & \cdots & \Phi_n^{(n)} \end{pmatrix} \begin{pmatrix} \alpha_1 \\ \alpha_2 \\ \vdots \\ \alpha_n \end{pmatrix} \tag{12 −87}$$

可简写为

$$Y = \Phi\alpha \tag{12-88}$$

这样就把几何坐标 Y 变换成数目相同的另一组新坐标

$$\alpha = (\alpha_1 \quad \alpha_2 \quad \cdots \quad \alpha_n)^T$$

α 称为广义坐标或模态坐标。式(12-88)中

$$\Phi = (\Phi^{(1)} \quad \Phi^{(2)} \quad \cdots \quad \Phi^{(n)}) \tag{12-89}$$

称为主振型矩阵,它就是几何坐标和正则坐标之间的转换矩阵。将式(12-88)代入式(12-81)并左乘以 Φ^T,得到

$$\Phi^T M \Phi \ddot{\alpha} + \Phi^T K \Phi \alpha = \Phi^T F(t) \tag{12-90}$$

利用主振型的正交性,很容易证明上式中的 $\Phi^T M \Phi$ 和 $\Phi^T K \Phi$ 都是对角矩阵。由矩阵的乘法有

$$\Phi^T M \Phi = \begin{pmatrix} (\Phi^{(1)})^T \\ (\Phi^{(2)})^T \\ \vdots \\ (\Phi^{(n)})^T \end{pmatrix} M (\Phi^{(1)} \quad \Phi^{(2)} \quad \cdots \quad \Phi^{(n)})$$

$$= \begin{pmatrix} (\Phi^{(1)})^T M \Phi^{(1)} & (\Phi^{(1)})^T M \Phi^{(2)} & \cdots & (\Phi^{(1)})^T M \Phi^{(n)} \\ (\Phi^{(2)})^T M \Phi^{(1)} & (\Phi^{(2)})^T M \Phi^{(2)} & \cdots & (\Phi^{(2)})^T M \Phi^{(n)} \\ \vdots & \vdots & & \vdots \\ (\Phi^{(n)})^T M \Phi^{(1)} & (\Phi^{(n)})^T M \Phi^{(2)} & \cdots & (\Phi^{(n)})^T M \Phi^{(n)} \end{pmatrix} \tag{a}$$

由第一个正交关系即式(12-70)知,上式右端矩阵中所有非主对角线上的元素均为零,因而只剩下主对角线上的元素。令

$$\overline{M}_i = (\Phi^{(i)})^T M \Phi^{(i)} \tag{12-91}$$

称为相应于第 i 阶主振型的广义质量。于是式(a)可写为

$$\Phi^T M \Phi = \begin{pmatrix} \overline{M}_1 & & & 0 \\ & \overline{M}_2 & & \\ & & \ddots & \\ 0 & & & \overline{M}_n \end{pmatrix} = \overline{M} \tag{12-92}$$

$\overline{M}$ 称为广义质量矩阵,它是一个对角矩阵。

同理,可以证明 $\Phi^T K \Phi$ 也是对角矩阵,并可将其表为

$$\Phi^T K \Phi = \begin{pmatrix} \overline{K}_1 & & & 0 \\ & \overline{K}_2 & & \\ & & \ddots & \\ 0 & & & \overline{K}_n \end{pmatrix} = \overline{K} \tag{12-93}$$

其中主对角线上的任一元素为

$$\overline{K}_i = (\boldsymbol{\Phi}^{(i)})^{\mathrm{T}} \boldsymbol{K} \boldsymbol{\Phi}^{(i)} \tag{12−94}$$

称为相应于第 i 阶主振型的广义刚度,对角矩阵 $\overline{\boldsymbol{K}}$ 则称为广义刚度矩阵。

由前面§12 −6 的 4. 主振型的正交性中式(c),将 $\boldsymbol{A}$ 换为 $\boldsymbol{\Phi}$ 即

$$(\boldsymbol{\Phi}^{(j)})^{\mathrm{T}} \boldsymbol{K} \boldsymbol{\Phi}^{(i)} = \omega_i^2 (\boldsymbol{\Phi}^{(j)})^{\mathrm{T}} \boldsymbol{M} \boldsymbol{\Phi}^{(i)}$$

令 $j = i$,并将式(12 −91)和式(12 −94)代入,可得

$$\overline{K}_i = \omega_i^2 \overline{M}_i \tag{12−95}$$

$$\omega_i = \sqrt{\frac{\overline{K}_i}{\overline{M}_i}} \tag{12−96}$$

这就是自振频率与广义刚度和广义质量间的关系式,它与单自由度结构的频率公式(12 −8)具有相似的形式。如果将 n 个自振频率的平方也组成为一个对角矩阵并记为 $\boldsymbol{\Omega}^2$,即

$$\boldsymbol{\Omega}^2 = \begin{pmatrix} \omega_1^2 & & & \boldsymbol{0} \\ & \omega_2^2 & & \\ & & \ddots & \\ \boldsymbol{0} & & & \omega_n^2 \end{pmatrix} \tag{12−97}$$

则又可写出

$$\overline{\boldsymbol{K}} = \boldsymbol{\Omega}^2 \overline{\boldsymbol{M}} \tag{12−98}$$

最后,将式(12 −90)的右端记为 $\overline{\boldsymbol{F}}(t)$,即

$$\overline{\boldsymbol{F}}(t) = \boldsymbol{\Phi}^{\mathrm{T}} \boldsymbol{F}(t) = \begin{pmatrix} (\boldsymbol{\Phi}^{(1)})^{\mathrm{T}} \boldsymbol{F}(t) \\ (\boldsymbol{\Phi}^{(2)})^{\mathrm{T}} \boldsymbol{F}(t) \\ \vdots \\ (\boldsymbol{\Phi}^{(n)})^{\mathrm{T}} \boldsymbol{F}(t) \end{pmatrix} = \begin{pmatrix} \overline{F}_1(t) \\ \overline{F}_2(t) \\ \vdots \\ \overline{F}_n(t) \end{pmatrix} \tag{12−99}$$

其中任一元素

$$\overline{F}_i(t) = (\boldsymbol{\Phi}^{(i)})^{\mathrm{T}} \boldsymbol{F}(t) \tag{12−100}$$

称为相应于第 i 阶主振型的广义荷载,$\overline{\boldsymbol{F}}(t)$ 则称为广义荷载向量。

考虑到式(12 −91)、式(12 −94)及式(12 −99),则方程(12 −90)成为

$$\overline{\boldsymbol{M}} \ddot{\boldsymbol{\alpha}} + \overline{\boldsymbol{K}} \boldsymbol{\alpha} = \overline{\boldsymbol{F}}(t) \tag{12−101}$$

由于 $\overline{\boldsymbol{M}}$ 和 $\overline{\boldsymbol{K}}$ 都是对角矩阵,故此时方程组已解除耦联,而成为 n 个独立方程:

$$\overline{M}_i \ddot{\alpha}_i + \overline{K}_i \alpha_i = \overline{F}_i(t) \quad (i = 1, 2, \cdots, n)$$

将式(12 −95)代入并除以 $\overline{M}_i$ 可得

$$\ddot{\alpha}_i + \omega_i^2 \alpha = \frac{\overline{F}_i(t)}{\overline{M}_i} \quad (i = 1, 2, \cdots, n) \tag{12−102}$$

这与单自由度结构的受迫振动方程式(12-18)略去阻尼后的形式相同,因而可按同样方法求解。方程(12-102)的解可用杜哈梅积分求得,在初位移和初速度为零的情况下,参照式(12-35)有

$$\alpha_i(t) = \frac{1}{\overline{M}_i \omega_i} \int_0^t \overline{F}_i(\tau) \sin \omega_i (t-\tau) d\tau \quad (i=1,2,\cdots,n) \qquad (12-103)$$

这样,就把 n 个自由度结构的计算问题简化为 n 个单自由度计算问题。在分别求得了各正则坐标 $\alpha_1,\alpha_2,\cdots,\alpha_n$ 的解答之后,再代入式(12-86)或式(12-88)即可得到各几何坐标 $y_1,y_2,\cdots,y_n$。以上解法的关键之处就在于将位移 Y 分解为各主振型的叠加,故称为振型分解法或振型叠加法。

综上所述,可将振型分解法的步骤归纳如下:

(1) 求自振频率 ω_i 和振型 $\boldsymbol{\Phi}^{(i)}$ $(i=1,2,\cdots,n)$。

(2) 计算广义质量和广义荷载

$$\left.\begin{array}{l} \overline{M}_i = \{\boldsymbol{\Phi}^{(i)}\}^{\mathrm{T}} \boldsymbol{M} \boldsymbol{\Phi}^{(i)} \\ \overline{F}_i(t) = \{\boldsymbol{\Phi}^{(i)}\}^{\mathrm{T}} \boldsymbol{F}(t) \end{array}\right\} \quad (i=1,2,\cdots,n)$$

(3) 求解正则坐标的振动微分方程为

$$\ddot{\alpha}_i + \omega_i^2 \alpha_i = \frac{\overline{F}_i(t)}{\overline{M}_i} \quad (i=1,2,\cdots,n)$$

与单自由度问题一样求解,得到 $\alpha_1,\alpha_2,\cdots,\alpha_n$。

(4) 计算几何坐标。由

$$Y = \boldsymbol{\Phi}\alpha$$

求出各质点位移 $y_1,y_2,\cdots,y_n$,然后即可计算其他动力反应(加速度、惯性力和动内力等)。

例 12-7 例 12-3 的结构在质点 2 处受有突加荷载

$$F(t) = \begin{cases} 0 & (当\ t<0) \\ F & (当\ t>0) \end{cases}$$

作用(图 12-30a),试求两质点的位移和梁的弯矩。

解: (1) 由例 12-3 知,结构的两个自振频率及振型(图 12-30b、c)为

$$\omega_1 = 5.69\sqrt{\frac{EI}{ml^3}}, \quad \omega_2 = 22.05\sqrt{\frac{EI}{ml^3}}$$

$$\boldsymbol{\Phi}^{(1)} = \begin{pmatrix} 1 \\ 1 \end{pmatrix}, \quad \boldsymbol{\Phi}^{(2)} = \begin{pmatrix} 1 \\ -1 \end{pmatrix}$$

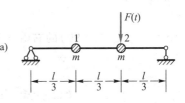

(a)

(b)

(c)

(d)

(e)

图 12-30

（2）广义质量为

$$\overline{M}_1 = (\boldsymbol{\Phi}^{(1)})^{\mathrm{T}} \boldsymbol{M} \boldsymbol{\Phi}^{(1)} = \begin{pmatrix} 1 & 1 \end{pmatrix} \begin{pmatrix} m & 0 \\ 0 & m \end{pmatrix} \begin{pmatrix} 1 \\ 1 \end{pmatrix} = 2m$$

$$\overline{M}_2 = (\boldsymbol{\Phi}^{(2)})^{\mathrm{T}} \boldsymbol{M} \boldsymbol{\Phi}^{(2)} = \begin{pmatrix} 1 & -1 \end{pmatrix} \begin{pmatrix} m & 0 \\ 0 & m \end{pmatrix} \begin{pmatrix} 1 \\ -1 \end{pmatrix} = 2m$$

广义荷载为

$$\overline{F}_1(t) = (\boldsymbol{\Phi}^{(1)})^{\mathrm{T}} \boldsymbol{F}(t) = \begin{pmatrix} 1 & 1 \end{pmatrix} \begin{pmatrix} 0 \\ F(t) \end{pmatrix} = F(t)$$

$$\overline{F}_2(t) = (\boldsymbol{\Phi}^{(2)})^{\mathrm{T}} \boldsymbol{F}(t) = \begin{pmatrix} 1 & -1 \end{pmatrix} \begin{pmatrix} 0 \\ F(t) \end{pmatrix} = -F(t)$$

（3）求正则坐标。由式（12 – 103）有

$$\begin{aligned}
\alpha_1(t) &= \frac{1}{\overline{M}_1 \omega_1} \int_0^t \overline{F}_1(\tau) \sin \omega_1(t - \tau) \mathrm{d}\tau \\
&= \frac{1}{2m\omega_1} \int_0^t F \sin \omega_1(t - \tau) \mathrm{d}\tau \\
&= \frac{F}{2m\omega_1^2}(1 - \cos \omega_1 t) \\
\alpha_2(t) &= \frac{1}{\overline{M}_2 \omega_2} \int_0^t \overline{F}_2(\tau) \sin \omega_2(t - \tau) \mathrm{d}\tau \\
&= \frac{1}{2m\omega_2} \int_0^t (-F) \sin \omega_2(t - \tau) \mathrm{d}\tau \\
&= -\frac{F}{2m\omega_2^2}(1 - \cos \omega_2 t)
\end{aligned}$$

（4）求位移。由式（12 – 87）有

$$\begin{pmatrix} y_1 \\ y_2 \end{pmatrix} = \begin{pmatrix} 1 & 1 \\ 1 & -1 \end{pmatrix} \begin{pmatrix} \alpha_1 \\ \alpha_2 \end{pmatrix}$$

得

$$\begin{aligned}
y_1 &= \alpha_1 + \alpha_2 \\
&= \frac{F}{2m\omega_1^2} \Big[(1 - \cos \omega_1 t) - \Big(\frac{\omega_1}{\omega_2}\Big)^2 (1 - \cos \omega_2 t) \Big] \\
&= \frac{F}{2m\omega_1^2} \big[(1 - \cos \omega_1 t) - 0.066\,7(1 - \cos \omega_2 t) \big] \\
y_2 &= \alpha_1 - \alpha_2 \\
&= \frac{F}{2m\omega_1^2} \big[(1 - \cos \omega_1 t) + 0.066\,7(1 - \cos \omega_2 t) \big]
\end{aligned}$$

两质点位移图大致形状如图 12 – 30d 所示。由上式可见,第二阶振型所占分量比第一阶振型小得多。一般说,多自由度结构的动力位移主要是由前几个较低频率的振型组成,更高的振型则影响很小,可略去不计。还应注意,第一阶振型与第二阶振型频率不同,它们并不是同时达到最大值,故求最大位移时不能简单地把两个分量的最大值叠加。

(5)求弯矩。两质点的惯性力分别为

$$F_{I1} = -m_1 \ddot{y}_1 = -\frac{F}{2}(\cos \omega_1 t - \cos \omega_2 t)$$

$$F_{I2} = -m_2 \ddot{y}_2 = -\frac{F}{2}(\cos \omega_1 t + \cos \omega_2 t)$$

然后由图 12 – 30e 便可求得梁的动力弯矩。例如截面 1 的弯矩为

$$M_1(t) = F_{I1}\frac{2l}{9} + \left[F(t) + F_{I2}\right]\frac{l}{9}$$

$$= \frac{Fl}{6}\left[(1 - \cos \omega_1 t) - \frac{1}{3}(1 - \cos \omega_2 t)\right]$$

§12 – 9 多自由度结构在任意荷载作用下的受迫振动

1. 振动微分方程的建立

图 12 – 31 所示结构具有 n 个自由度,各质点受任意荷载 $F_i(t)$ 和黏滞阻尼力 F_{Di} 作用,现建立其振动微分方程。

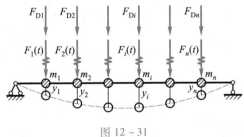

图 12 – 31

按照式(12 – 46)与式(12 – 80)的建立过程并计入黏滞阻尼力的作用,可得出其动力平衡方程如下:

$$\left.\begin{array}{l} m_1\ddot{y}_1 + c_{11}\dot{y}_1 + c_{12}\dot{y}_2 + \cdots + c_{1n}\dot{y}_n + k_{11}y_1 + k_{12}y_2 + \cdots + k_{1n}y_n = F_1(t) \\ m_2\ddot{y}_2 + c_{21}\dot{y}_1 + c_{22}\dot{y}_2 + \cdots + c_{2n}\dot{y}_n + k_{21}y_1 + k_{22}y_2 + \cdots + k_{2n}y_n = F_2(t) \\ \qquad\qquad\cdots\cdots\cdots\cdots \\ m_n\ddot{y}_n + c_{n1}\dot{y}_1 + c_{n2}\dot{y}_2 + \cdots + c_{nn}\dot{y}_n + k_{n1}y_1 + k_{n2}y_2 + \cdots + k_{nn}y_n = F_n(t) \end{array}\right\} \quad (12 - 104)$$

将此式写成矩阵形式则为

$$
\begin{pmatrix} m_1 & & & 0 \\ & m_2 & & \\ & & \ddots & \\ 0 & & & m_n \end{pmatrix}
\begin{pmatrix} \ddot{y}_1 \\ \ddot{y}_2 \\ \vdots \\ \ddot{y}_n \end{pmatrix}
+
\begin{pmatrix} c_{11} & c_{12} & \cdots & c_{1n} \\ c_{21} & c_{22} & \cdots & c_{2n} \\ \vdots & \vdots & & \vdots \\ c_{n1} & c_{n2} & \cdots & c_{nn} \end{pmatrix}
\begin{pmatrix} \dot{y}_1 \\ \dot{y}_2 \\ \vdots \\ \dot{y}_n \end{pmatrix}
+
$$

$$
\begin{pmatrix} k_{11} & k_{12} & \cdots & k_{1n} \\ k_{21} & k_{22} & \cdots & k_{2n} \\ \vdots & \vdots & & \vdots \\ k_{n1} & k_{n2} & \cdots & k_{nn} \end{pmatrix}
\begin{pmatrix} y_1 \\ y_2 \\ \vdots \\ y_n \end{pmatrix}
=
\begin{pmatrix} F_1(t) \\ F_2(t) \\ \vdots \\ F_n(t) \end{pmatrix}
\tag{12-105}
$$

或简写为

$$
M\ddot{Y} + c\dot{Y} + KY = F(t) \tag{12-106}
$$

式(12-104)至式(12-106)就是考虑阻尼的多自由度结构在任意荷载作用下,按刚度法建立的受迫振动微分方程。按柔度法也可建立类似的方程。式中 c_{ij} 代表质点 j 处的运动速度引起质点 i 处的阻尼系数;$F_i(t)$ 为作用在质点 i 处的任意荷载;$\dot{Y}$ 是速度列向量,$F(t)$ 是任意荷载列向量,它们均是 $n \times 1$ 阶矩阵;c 称为阻尼矩阵,是 $n \times n$ 阶方阵。其余符号意义同前。

2. 振动微分方程组的解耦

当采用上节介绍的振型分解法求解上述振动微分方程组时,在引入正则坐标和主振型矩阵并全式左乘主振型矩阵的转置矩阵后,式(12-106)成为

$$
\boldsymbol{\Phi}^{\mathrm{T}}M\boldsymbol{\Phi}\ddot{\boldsymbol{\alpha}} + \boldsymbol{\Phi}^{\mathrm{T}}c\boldsymbol{\Phi}\dot{\boldsymbol{\alpha}} + \boldsymbol{\Phi}^{\mathrm{T}}K\boldsymbol{\Phi}\boldsymbol{\alpha} = \boldsymbol{\Phi}^{\mathrm{T}}F(t) \tag{12-107}
$$

比较式(12-107)与上一节中的式(12-90)可知,式(12-107)较式(12-90)在左端增加了考虑阻尼影响的一项 $\boldsymbol{\Phi}^{\mathrm{T}}c\boldsymbol{\Phi}\dot{\boldsymbol{\alpha}}$。

在一般情况下,c 是非对角矩阵,即式(12-107)所代表的微分方程组仍是通过阻尼矩阵而耦联的。这反映了质点 i 处运动速度不仅在质点 i 处产生阻尼力,也同时会在质点 j 处产生阻尼力。为了能用振型分解法求解式(12-107),必须设法解除整个微分方程组包括阻尼矩阵项的耦联。

根据上一节推导可知,在式(12-107)左端中,$\boldsymbol{\Phi}^{\mathrm{T}}M\boldsymbol{\Phi}$ 和 $\boldsymbol{\Phi}^{\mathrm{T}}K\boldsymbol{\Phi}$ 都是对角矩阵,因而只要能将 $\boldsymbol{\Phi}^{\mathrm{T}}c\boldsymbol{\Phi}$ 改造成为对角矩阵,即可解除整个微分方程组的耦联。

目前一般应用较多的是瑞利(Rayleigh)阻尼假设,即假定阻尼矩阵是质量矩阵和刚度矩阵的线性组合,以式子表示为

$$
c = aM + bK \tag{12-108}
$$

式中 a,b 为两个待定常数。

将式(12-108)各项左乘 $\boldsymbol{\Phi}^{\mathrm{T}}$ 并右乘 $\boldsymbol{\Phi}$,得到

$$\boldsymbol{\Phi}^{\mathrm{T}} c \boldsymbol{\Phi} = a \boldsymbol{\Phi}^{\mathrm{T}} \boldsymbol{M} \boldsymbol{\Phi} + b \boldsymbol{\Phi}^{\mathrm{T}} \boldsymbol{K} \boldsymbol{\Phi} \qquad (12-109)$$

上式中由于已证明 $\boldsymbol{\Phi}^{\mathrm{T}} \boldsymbol{M} \boldsymbol{\Phi}$ 和 $\boldsymbol{\Phi}^{\mathrm{T}} \boldsymbol{K} \boldsymbol{\Phi}$ 均为对角矩阵,它们的线性叠加 $\boldsymbol{\Phi}^{\mathrm{T}} c \boldsymbol{\Phi}$ 自然也是对角矩阵,这就完成了振动微分方程组的完全解耦。

3. 待定常数 a, b 的确定

待定常数 a, b 通常根据反映实际结构阻尼特性的阻尼参数来确定,而与某阶振型 i 相应的阻尼比 ξ_i 即是较为常用的参数。下面推导 ξ_i 与 a, b 的关系。

在完成了振动微分方程组的解耦之后,式(12-107)可分解为 n 个独立方程

$$\overline{M}_i \ddot{\alpha}_i + \overline{c}_i \dot{\alpha}_i + \overline{K}_i \alpha_i = \overline{F}_i(t) \qquad (i = 1, 2, \cdots, n) \qquad (12-110)$$

其中

$$\overline{c}_i = 2 \xi_i \omega_i \overline{M}_i \qquad (12-111)$$

称为广义阻尼系数,其余符号意义同前。

考虑到式(12-108)与式(12-110),式(12-111)可表达为

$$\overline{c}_i = a \overline{M}_i + b \overline{K}_i = 2 \xi_i \omega_i \overline{M}_i$$

或

$$\xi_i = \frac{1}{2\omega_i} a + \frac{1}{2\omega_i} \frac{\overline{K}_i}{\overline{M}_i} b$$

注意到式(12-95)可得

$$\xi_i = \frac{1}{2} \left(\frac{a}{\omega_i} + b \omega_i \right) \qquad (12-112)$$

由于需要确定的待定常数是两个,须建立两个独立方程,因而须已知两个振型的阻尼比。这通常是通过实验实测,或参照经验数据包括地震运动的记录数据估计,或按相关规范规程给定,一般是第一阶和第二阶振型的阻尼比 ξ_1 和 ξ_2,将它们与相应的频率 ω_1 和 ω_2 分别代入式(12-112),即可联立求解得到

$$\left. \begin{array}{l} a = \dfrac{2 \omega_1 \omega_2 (\xi_1 \omega_2 - \xi_2 \omega_1)}{\omega_2^2 - \omega_1^2} \\[4mm] b = \dfrac{2 (\xi_2 \omega_2 - \xi_1 \omega_1)}{\omega_2^2 - \omega_1^2} \end{array} \right\} \qquad (12-113)$$

在求得 a, b 之后,即可利用式(12-112)计算其余振型的阻尼比。

4. 求解步骤

(1) 求自振频率 ω_i 和振型 $\boldsymbol{\Phi}^{(i)}$ $(i = 1, 2, \cdots, n)$。

(2) 计算广义质量和广义荷载

$$\left. \begin{array}{l} \overline{M}_i = (\boldsymbol{\Phi}^{(i)})^{\mathrm{T}} \boldsymbol{M} \boldsymbol{\Phi}^{(i)} \\[2mm] \overline{F}_i(t) = (\boldsymbol{\Phi}^{(i)})^{\mathrm{T}} \boldsymbol{F}(t) \end{array} \right\} \qquad (i = 1, 2, \cdots, n)_{\circ}$$

（3）根据上述（1）步计算所得自振频率中的 ω_1 和 ω_2 以及已知的两个振型的阻尼比 ξ_1 和 ξ_2，按式（12 −113）确定常数 a,b 之后，再按式（12 −112）计算其余振型的阻尼比 $\xi_i(i=3,4,\cdots,n)$。

（4）求解正则坐标表示的振动微分方程

$$\ddot{\alpha}_i + 2\xi_i\omega_i\dot{\alpha}_i + \omega_i^2\alpha_i = \frac{\overline{F}_i(t)}{\overline{M}_i} \qquad (i=1,2,\cdots,n)$$

与单自由度问题一样求解（参见§12 −5），得到 $\alpha_1,\alpha_2,\cdots,\alpha_n$。

（5）计算几何坐标

由式（12 −88）

$$Y = \boldsymbol{\Phi\alpha}$$

求出各质点位移 $y_1,y_2,\cdots,y_n$，然后即可计算其他动力反应（加速度、惯性力和动内力等）。

例 12 −8　例 12 −5 的结构在各层横梁处受有水平方向的突加荷载

$$F(t) = \begin{cases} 0 & (\text{当 } t<0) \\ (4F \quad 2F \quad F)^{\mathrm{T}} & (\text{当 } t>0) \end{cases}$$

作用如图 12 −32 所示，试求各层柱顶位移。考虑阻尼并已知 ξ_1 和 ξ_2 均为 0.05。

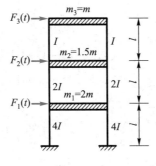

图 12 −32

解:（1）由例 12 −5 得自振频率和振型

$$\omega_1 = 3.067\sqrt{\frac{EI}{ml^3}},\ \omega_2 = 6.525\sqrt{\frac{EI}{ml^3}},\ \omega_3 = 9.592\sqrt{\frac{EI}{ml^3}}$$

$$\boldsymbol{\Phi} = \begin{pmatrix} 1 & 1 & 1 \\ 2.608 & 1.226 & -0.834 \\ 4.290 & -1.584 & 0.294 \end{pmatrix}$$

（2）计算广义质量和广义荷载

利用式（12 −91）与式（12 −100）可得

$$\overline{M}_1 = (\boldsymbol{\varPhi}^{(1)})^{\mathrm{T}} \boldsymbol{M} \boldsymbol{\varPhi}^{(1)} = m \begin{pmatrix} 1 \\ 2.608 \\ 4.290 \end{pmatrix}^{\mathrm{T}} \begin{pmatrix} 2 & 0 & 0 \\ 0 & 1.5 & 0 \\ 0 & 0 & 1 \end{pmatrix} \begin{pmatrix} 1 \\ 2.608 \\ 4.290 \end{pmatrix} = 30.607m$$

$$\overline{M}_2 = (\boldsymbol{\varPhi}^{(2)})^{\mathrm{T}} \boldsymbol{M} \boldsymbol{\varPhi}^{(2)} = m \begin{pmatrix} 1 \\ 1.226 \\ -1.584 \end{pmatrix}^{\mathrm{T}} \begin{pmatrix} 2 & 0 & 0 \\ 0 & 1.5 & 0 \\ 0 & 0 & 1 \end{pmatrix} \begin{pmatrix} 1 \\ 1.226 \\ -1.584 \end{pmatrix} = 6.764m$$

$$\overline{M}_3 = (\boldsymbol{\varPhi}^{(3)})^{\mathrm{T}} \boldsymbol{M} \boldsymbol{\varPhi}^{(3)} = m \begin{pmatrix} 1 \\ -0.834 \\ 0.294 \end{pmatrix}^{\mathrm{T}} \begin{pmatrix} 2 & 0 & 0 \\ 0 & 1.5 & 0 \\ 0 & 0 & 1 \end{pmatrix} \begin{pmatrix} 1 \\ -0.834 \\ 0.294 \end{pmatrix} = 3.130m$$

$$\overline{F}_1(t) = (\boldsymbol{\varPhi}^{(1)})^{\mathrm{T}} \boldsymbol{F}(t) = F \begin{pmatrix} 1 \\ 2.608 \\ 4.290 \end{pmatrix}^{\mathrm{T}} \begin{pmatrix} 4 \\ 2 \\ 1 \end{pmatrix} = 13.506 \, F$$

$$\overline{F}_2(t) = (\boldsymbol{\varPhi}^{(2)})^{\mathrm{T}} \boldsymbol{F}(t) = F \begin{pmatrix} 1 \\ 1.226 \\ -1.584 \end{pmatrix}^{\mathrm{T}} \begin{pmatrix} 4 \\ 2 \\ 1 \end{pmatrix} = 4.868 \, F$$

$$\overline{F}_3(t) = (\boldsymbol{\varPhi}^{(3)})^{\mathrm{T}} \boldsymbol{F}(t) = F \begin{pmatrix} 1 \\ -0.834 \\ 0.294 \end{pmatrix}^{\mathrm{T}} \begin{pmatrix} 4 \\ 2 \\ 1 \end{pmatrix} = 2.626 \, F$$

（3）计算阻尼比 ξ_3

先将已知的 ω_1, ω_2 和 ξ_1, ξ_2 代入式（12-113）求得

$$a = \frac{2 \times 3.067 \times 6.525 \times 0.05 \times (6.525 - 3.067)}{6.525^2 - 3.067^2} \sqrt{\frac{EI}{ml^3}} = 0.208 \, 6 \sqrt{\frac{EI}{ml^3}}$$

$$b = \frac{2 \times 0.05 \times (6.525 - 3.067)}{6.525^2 - 3.067^2} \sqrt{\frac{ml^3}{EI}} = 0.010 \, 4 \sqrt{\frac{ml^3}{EI}}$$

再将已知的 ω_3 和 a, b 代入式（12-112）求得

$$\xi_3 = \frac{1}{2} \left(\frac{a}{\omega_3} + b\omega_3 \right) = \frac{1}{2} \times \left(\frac{0.208 \, 6}{9.592} + 0.010 \, 4 \times 9.592 \right) = 0.061$$

（4）以正则坐标表示的振动微分方程为

$$\ddot{\alpha}_1 + 2\xi_1 \omega_1 \dot{\alpha}_1 + \omega_1^2 \alpha_1 = \frac{\overline{F}_1(t)}{\overline{M}_1}$$

$$\ddot{\alpha}_2 + 2\xi_2 \omega_2 \dot{\alpha}_2 + \omega_2^2 \alpha_2 = \frac{\overline{F}_2(t)}{\overline{M}_2}$$

$$\ddot{\alpha}_3 + 2\xi_3 \omega_3 \dot{\alpha}_3 + \omega_3^2 \alpha_3 = \frac{\overline{F}_3(t)}{\overline{M}_3}$$

参照式(12-38),可求得正则坐标

$$\alpha_1 = \frac{\overline{F}_1(t)}{\overline{M}_1\omega_1^2}\left[1 - e^{-\xi_1\omega_1 t}\left(\cos\omega_1' t + \frac{\xi_1\omega_1}{\omega_1'}\sin\omega_1' t\right)\right]$$

$$= \frac{13.506F}{30.607m\omega_1^2}\left[1 - e^{-\xi_1\omega_1 t}\left(\cos\omega_1' t + \frac{\xi_1\omega_1}{\omega_1'}\sin\omega_1' t\right)\right]$$

$$= \frac{0.441F}{m\omega_1^2}\left[1 - e^{-\xi_1\omega_1 t}\left(\cos\omega_1' t + \frac{\xi_1\omega_1}{\omega_1'}\sin\omega_1' t\right)\right]$$

$$\alpha_2 = \frac{\overline{F}_2(t)}{\overline{M}_2\omega_2^2}\left[1 - e^{-\xi_2\omega_2 t}\left(\cos\omega_2' t + \frac{\xi_2\omega_2}{\omega_2'}\sin\omega_2' t\right)\right]$$

$$= \frac{4.868F}{6.764m\omega_2^2}\left[1 - e^{-\xi_2\omega_2 t}\left(\cos\omega_2' t + \frac{\xi_2\omega_2}{\omega_2'}\sin\omega_2' t\right)\right]$$

$$= \frac{0.720F}{m\omega_2^2}\left[1 - e^{-\xi_2\omega_2 t}\left(\cos\omega_2' t + \frac{\xi_2\omega_2}{\omega_2'}\sin\omega_2' t\right)\right]$$

$$\alpha_3 = \frac{\overline{F}_3(t)}{\overline{M}_3\omega_3^2}\left[1 - e^{-\xi_3\omega_3 t}\left(\cos\omega_3' t + \frac{\xi_3\omega_3}{\omega_3'}\sin\omega_3' t\right)\right]$$

$$= \frac{2.626F}{3.130m\omega_3^2}\left[1 - e^{-\xi_3\omega_3 t}\left(\cos\omega_3' t + \frac{\xi_3\omega_3}{\omega_3'}\sin\omega_3' t\right)\right]$$

$$= \frac{0.839F}{m\omega_3^2}\left[1 - e^{-\xi_3\omega_3 t}\left(\cos\omega_3' t + \frac{\xi_3\omega_3}{\omega_3'}\sin\omega_3' t\right)\right]$$

式中

$$\omega_1' = \omega_1\sqrt{1-\xi_1^2} = 3.067 \times \sqrt{1-0.05^2} = 3.063\sqrt{\frac{EI}{ml^3}}$$

$$\omega_2' = \omega_2\sqrt{1-\xi_2^2} = 6.525 \times \sqrt{1-0.05^2} = 6.517\sqrt{\frac{EI}{ml^3}}$$

$$\omega_3' = \omega_3\sqrt{1-\xi_3^2} = 9.592 \times \sqrt{1-0.061^2} = 9.574\sqrt{\frac{EI}{ml^3}}$$

如已知 E, I, m, l 和 t 等量值,即可求得各正则坐标 $\alpha_1, \alpha_2, \alpha_3$ 的具体数值,再利用式(12-87)求各层柱顶的位移值

$$\begin{pmatrix} y_1 \\ y_2 \\ y_3 \end{pmatrix} = \begin{pmatrix} 1 & 1 & 1 \\ 2.608 & 1.226 & -0.834 \\ 4.290 & -1.584 & 0.294 \end{pmatrix}\begin{pmatrix} \alpha_1 \\ \alpha_2 \\ \alpha_3 \end{pmatrix}$$

*§12 – 10　地震作用计算

地震作用(Earthquake Action)是由地震动引起的结构动态作用,包括水平地震作用和竖向地震作用。地震作用的实质是地震引起的地面运动在结构中产生的惯性力或称地震荷载。

本节仅讨论线弹性结构的地震作用。

1. 单自由度结构的地震作用计算

图 12 – 33a 表示单自由度结构在地震时的位移和变形示意,其中 $y_g(t)$ 是地震引起的地面位移,通常实测得知;$y(t)$ 则是质点相对于地面的位移反应,是需要求解的未知项。现取质量为 m 的质点为隔离体,如图 12 – 33b 所示,根据达朗贝尔原理,采用动静法建立振动微分方程,其动力平衡方程为

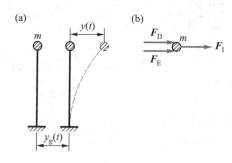

图 12 – 33

$$F_I + F_D + F_E = 0$$

其中惯性力

$$F_I = -m[\ddot{y}_g(t) + \ddot{y}(t)]$$

其余符号意义同前。

将平衡方程展开可得

$$m[\ddot{y}_g(t) + \ddot{y}(t)] + c\dot{y}(t) + k_{11}y(t) = 0$$

或

$$m\ddot{y}(t) + c\dot{y}(t) + k_{11}y(t) = -m\ddot{y}_g(t) \qquad (12 – 114)$$

即是单自由度结构在地震作用下的振动微分方程,它与单自由度结构受一般激振力

$$F(t) = -m\ddot{y}_g(t)$$

作用时的振动微分方程完全相同;在初始位移和初始速度均为零时,可应用杜哈梅积分求得其地震作用的位移反应为

$$y(t) = \frac{1}{m\omega'}\int_0^t F(\tau)e^{-\xi\omega(t-\tau)}\sin\omega'(t-\tau)\,d\tau$$

即

$$y(t) = -\frac{1}{\omega'}\int_0^t \ddot{y}_g(\tau)\,\mathrm{e}^{-\xi\omega(t-\tau)}\sin\omega'(t-\tau)\,\mathrm{d}\tau \qquad (12-115)$$

式中 $\omega' = \omega\sqrt{1-\xi^2}$ 是有阻尼自振频率。

将式(12－114)与式(12－18)比较可写成

$$\ddot{y}(t) + 2\xi\omega\dot{y}(t) + \omega^2 y(t) = -\ddot{y}_g(t) \qquad (12-116)$$

或

$$\ddot{y}(t) + \ddot{y}_g(t) = -[2\xi\omega\dot{y}(t) + \omega^2 y(t)] \qquad (\mathrm{a})$$

则可通过求解式(a)的右端项来取代直接求解其左端项。

对式(12－115)进行微分,按积分的求导运算式

$$\frac{\mathrm{d}}{\mathrm{d}t}\int_a^{b(t)} f(t,\tau)\,\mathrm{d}\tau = \int_a^b f_t'(t,\tau)\,\mathrm{d}\tau + f[b(t),t]\frac{\mathrm{d}b(t)}{\mathrm{d}t}$$

则有

$$\dot{y}(t) = \frac{\mathrm{d}y(t)}{\mathrm{d}t} = -\frac{\omega}{\omega'}\int_0^t \ddot{y}_g(\tau)\,\mathrm{e}^{-\xi\omega(t-\tau)}\left[\frac{\omega'}{\omega}\cos\omega'(t-\tau) - \xi\sin\omega'(t-\tau)\right]\mathrm{d}\tau$$

$$(\mathrm{b})$$

在式(b)中令

$$\xi = \sin\varphi \qquad (\mathrm{c})$$

则有

$$\cos\varphi = \sqrt{1-\sin^2\varphi} = \sqrt{1-\xi^2} = \frac{\omega'}{\omega} \qquad (\mathrm{d})$$

将式(c)与(d)代入式(b)并化简可得

$$\dot{y}(t) = -\frac{\omega}{\omega'}\int_0^t \ddot{y}_g(\tau)\,\mathrm{e}^{-\xi\omega(t-\tau)}\cos[\omega'(t-\tau)+\varphi]\,\mathrm{d}\tau \qquad (12-117)$$

式中

$$\varphi = \arctan\frac{\xi}{\sqrt{1-\xi^2}} \qquad (\mathrm{e})$$

是与阻尼比有关的相位角。

将式(12－115)与式(12－117)代入式(a)可得

$$\ddot{y}(t) + \ddot{y}_g(t) = -[2\xi\omega\dot{y}(t) + \omega^2 y(t)]$$

$$= -2\xi\omega\left\{-\frac{\omega}{\omega'}\int_0^t \ddot{y}_g(\tau)\,\mathrm{e}^{-\xi\omega(t-\tau)}\cos[\omega'(t-\tau)+\varphi]\,\mathrm{d}\tau\right\} -$$

$$\omega^2\left[-\frac{1}{\omega'}\int_0^t \ddot{y}_g(\tau)\,\mathrm{e}^{-\xi\omega(t-\tau)}\sin\omega'(t-\tau)\,\mathrm{d}\tau\right]$$

$$= \frac{\omega^2}{\omega'} \int_0^t \ddot{y}_g(\tau) e^{-\xi\omega(t-\tau)} \{ 2\xi\cos[\omega'(t-\tau) + \varphi] + \sin\omega'(t-\tau) \} d\tau$$

$$= \frac{\omega^2}{\omega'} \int_0^t \ddot{y}_g(\tau) e^{-\xi\omega(t-\tau)} \{ 2\xi\cos[\omega'(t-\tau)]\cos\varphi - 2\xi\sin\varphi\sin\omega'(t-\tau) + \sin\omega'(t-\tau) \} d\tau$$

$$= \frac{\omega^2}{\omega'} \int_0^t \ddot{y}_g(\tau) e^{-\xi\omega(t-\tau)} \{ 2\sin\varphi\cos\varphi\cos\omega'(t-\tau) + \sin\omega'(t-\tau)(1 - 2\sin^2\varphi) \} d\tau$$

$$= \frac{\omega^2}{\omega'} \int_0^t \ddot{y}_g(\tau) e^{-\xi\omega(t-\tau)} [\sin2\varphi\cos\omega'(t-\tau) + \cos2\varphi\sin\omega'(t-\tau)] d\tau$$

即

$$\ddot{y}(t) + \ddot{y}_g(t) = \frac{\omega^2}{\omega'} \int_0^t \ddot{y}_g(\tau) e^{-\xi\omega(t-\tau)} \sin[\omega'(t-\tau) + 2\varphi] d\tau$$

$$(12-118)$$

现在可以通过式(12-118)求得结构上受到的地震作用

$$F(t) = -m[\ddot{y}(t) + \ddot{y}_g(t)]$$

$$= -\frac{m\omega^2}{\omega'} \int_0^t \ddot{y}_g(\tau) e^{-\xi\omega(t-\tau)} \sin[\omega'(t-\tau) + 2\varphi] d\tau$$

$$(12-119)$$

在抗震设计中,实用意义最大的是地震作用的最大值 F_{max},可表示为

$$F_{max} = m[\ddot{y}(t) + \ddot{y}_g(t)]_{max} = m \left| \frac{\omega^2}{\omega'} \int_0^t \ddot{y}_g(\tau) e^{-\xi\omega(t-\tau)} \sin[\omega'(t-\tau) + 2\varphi] d\tau \right|_{max}$$

$$(12-120)$$

令

$$a_{max} = [\ddot{y}(t) + \ddot{y}_g(t)]_{max} = \left| \frac{\omega^2}{\omega'} \int_0^t \ddot{y}_g(\tau) e^{-\xi\omega(t-\tau)} \sin[\omega'(t-\tau) + 2\varphi] d\tau \right|_{max}$$

则可将式(12-120)表示为

$$F_{max} = m a_{max} = \frac{W}{g} a_{max} = \alpha W \qquad (12-121)$$

式中 a_{max} 是质点运动绝对加速度最大值;W 是质点重量。而

$$\alpha = \frac{a_{max}}{g} \qquad (12-122)$$

称为地震影响系数,它表示单自由度结构在地震时以重力加速度 g 为单位的最大反应加速度,是现行建筑抗震设计规范中的重要设计参数。

在求得地震作用最大值即地震荷载最大值 F_{max} 之后,就可按静力分析方法进行结构内力和变形的计算。

2. 多自由度结构的地震作用计算

这里所讨论的多自由度结构也限于线弹性结构并满足瑞利阻尼假设。

参照本节中的式(12-114)与上一节中的式(12-104)至式(12-106),可

以写出多自由度结构受地震地面运动 $y_g(t)$ 引起的地震荷载 $F(t) = -m\ddot{y}_g(t)$ 时的振动微分方程(刚度法)为

$$M\ddot{Y} + c\dot{Y} + KY = -MI\ddot{y}_g(t) \tag{12-123}$$

式中除 I 代表单位矩阵外,其余符号意义同前。

现用振型分解法求解式(12-123),将其写成以正则坐标 α 和振型矩阵 Φ 表达的形式

$$M\Phi\ddot{\alpha} + c\Phi\dot{\alpha} + K\Phi\alpha = -MI\ddot{y}_g(t) \tag{12-124}$$

用 Φ^T 左乘式(12-124)各项,由振型矩阵的正交性可得

$$\overline{M}_i\ddot{\alpha}_i + \overline{c}_i\dot{\alpha}_i + \overline{K}_i\alpha = -(\Phi^{(i)})^T MI\ddot{y}_g(t) \tag{12-125}$$

式中除 $\Phi^{(i)}$ 代表第 i 阶振型的振型向量外,其余符号意义同前。

令

$$\gamma_i = \frac{(\Phi^{(i)})^T MI}{\overline{M}_i} = \frac{(\Phi^{(i)})^T MI}{(\Phi^{(i)})^T M\Phi^{(i)}} \qquad (i = 1, 2, \cdots, n) \tag{12-126}$$

对由集中质量组成的结构则有

$$\gamma_i = \frac{\sum_j m_j \Phi_j^{(i)}}{\sum_j m_j (\Phi_j^{(i)})^2} \qquad (i = 1, 2, \cdots, n) \tag{12-127}$$

式(12-126)与(12-127)中的 γ_i 称为第 i 阶振型参与系数,对每一阶振型均为常数;$\Phi_j^{(i)}$ 则表示第 i 阶振型中第 j 自由度的量值。

参照前一节中的式(12-110)与(12-111)并引入 γ_i,式(12-125)可改写为

$$\ddot{\alpha}_i + 2\xi_i\omega_i\dot{\alpha}_i + \omega_i^2\alpha_i = -\gamma_i\ddot{y}_g(t) \qquad (i = 1, 2, \cdots, n) \tag{12-128}$$

此即对应于第 i 阶振型的单自由度振动微分方程。根据杜哈梅积分,可得其零初始条件下的正则坐标解答为

$$\alpha_i(t) = -\frac{\gamma_i}{\omega_i'}\int_0^t \ddot{y}_g(\tau) e^{-\xi_i\omega_i(t-\tau)} \sin\omega_i'(t-\tau) d\tau = \gamma_i\delta_i(t) \tag{12-129}$$

式中

$$\delta_i(t) = -\frac{1}{\omega_i'}\int_0^t \ddot{y}_g(\tau) e^{-\xi_i\omega_i(t-\tau)} \sin\omega_i'(t-\tau) d\tau \tag{12-130}$$

称为第 i 阶振型广义位移。

将式(12-129)与(12-130)代入式(12-88),可求得结构第 i 自由度的相对位移反应 $y_i(t)$ 为

$$y_i(t) = \sum_j \Phi_i^{(j)}\alpha_j(t) = \sum_j \gamma_j\Phi_i^{(j)}\delta_j(t) \tag{12-131}$$

或以矩阵表示为

$$y(t) = \boldsymbol{\Phi}(\gamma\delta) \tag{12-132}$$

式(12-131)或(12-132)中的 $y_i(t)$ 或 $y(t)$，即为多自由度结构承受地震作用时，按振型分解法求得的相对位移。

在求得第 i 质点的相对位移 $y_i(t)$ 后，对其求导可求得相对加速度 $\ddot{y}_i(t)$，则质点 i 的地震作用为

$$F_i(t) = m_i\left[\ddot{y}_g(t) + \ddot{y}_i(t)\right] = m_i\left[\ddot{y}_g(t) + \sum_j \gamma_j\boldsymbol{\Phi}_i^{(j)}\ddot{\delta}_j(t)\right] \tag{12-133}$$

式(12-133)右端第一项 $m_i\ddot{y}_g(t)$ 仅涉及地面运动，与结构本身的变形和动力特征无关，但因振型分解仅涉及坐标变换，因此仍可将它按振型进行分解，即

$$m_i\ddot{y}_g(t) = \sum_j b_j m_i\boldsymbol{\Phi}_i^{(j)}\ddot{y}_g(t) \tag{f}$$

或

$$\boldsymbol{MI} = \sum_i b_i\boldsymbol{M\Phi}^{(i)} \tag{g}$$

在式(g)两端左乘振型矩阵 $\boldsymbol{\Phi}^{\mathrm{T}}$，根据振型的正交性可以得到

$$b_i = \frac{(\boldsymbol{\Phi}^{(i)})^{\mathrm{T}}\boldsymbol{MI}}{\overline{M}_i} = \frac{(\boldsymbol{\Phi}^{(i)})^{\mathrm{T}}\boldsymbol{MI}}{(\boldsymbol{\Phi}^{(i)})^{\mathrm{T}}\boldsymbol{M\Phi}^{(i)}} = \gamma_i \tag{h}$$

对由集中质量组成的结构则有

$$b_i = \frac{\sum_j m_j\boldsymbol{\Phi}_j^{(i)}}{\sum_j m_j(\boldsymbol{\Phi}_j^{(i)})^2} = \gamma_i \tag{i}$$

将式(f)、(h)或(i)代入式(12-133)可求得

$$\begin{aligned}
F_i(t) &= m_i\left[\ddot{y}_g(t) + \sum_j \gamma_j\boldsymbol{\Phi}_i^{(j)}\ddot{\delta}_j(t)\right] \\
&= m_i\sum_j \gamma_j\boldsymbol{\Phi}_i^{(j)}\left[\ddot{y}_g(t) + \ddot{\delta}_j(t)\right] \\
&= m_i\sum_j \gamma_j\boldsymbol{\Phi}_i^{(j)}a_j(t) \tag{12-134}
\end{aligned}$$

式中

$$a_j(t) = \left[\ddot{y}_g(t) + \ddot{\delta}_j(t)\right] \tag{12-135}$$

称为第 j 阶振型广义加速度反应函数。

与单自由度结构定义地震影响系数类似，现定义地震影响函数为

$$\alpha_j(t) = \frac{a_j(t)}{g} \tag{12-136}$$

则式(12-134)可改写为

$$F_i(t) = m_i \sum_j \gamma_j \Phi_i^{(j)} a_j(t)$$

$$= W_i \sum_j \gamma_j \Phi_i^{(j)} \frac{a_j(t)}{g}$$

$$= W_i \sum_j \gamma_j \Phi_i^{(j)} \alpha_j(t)$$

$$= \sum_j F_{ij}(t) \tag{12 – 137}$$

式中

$$F_{ij}(t) = W_i \gamma_j \Phi_i^{(j)} \alpha_j(t) \tag{12 – 138}$$

称为第 j 阶振型对应第 i 自由度的地震作用函数。而第 j 阶振型的地震最大作用则为

$$(F_{ij})_{\max} = W_i \gamma_j \Phi_i^{(j)} \alpha_j(T) \tag{12 – 139}$$

式中 $\alpha_j(T)$ 为第 j 阶振型地震影响系数的最大值，W_i 为 i 质点重量。

式(12 – 139)表明，在求得多自由度结构的振型、周期、阻尼比等动力特征之后，可以像单自由度问题一样，利用此式方便地求解第 j 阶振型对第 i 自由度的地震最大作用。

在求得地震最大作用即地震最大荷载之后，即可按静力分析方法进行结构的内力和变形的计算。

*§12 – 11   无限自由度结构的振动

在 §12 – 2 中曾指出，在动力计算中，如果考虑结构的分布质量，则其自由度将为无限大，图 12 – 34a 所示具有均布质量的单跨梁，就是比较简单的例子。当它振动时，其弹性曲线上任一点的位移 y 将是横坐标 x 和时间 t 这两个独立变量的函数，可表示为

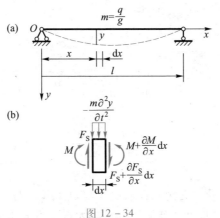

图 12 – 34

$$y = f(x, t)$$

相应的,任一截面的内力也是 x, t 的函数。设梁的均布自重为 q,则单位长度上的质量为 $m = \dfrac{q}{g}$,惯性力的集度将为 $-m\dfrac{\partial^2 y}{\partial t^2}$。考察微段的动力平衡(图 12 – 34b),如位移 y 和荷载集度都取向下为正,则根据材料力学,应有如下关系式:

$$\left. \begin{aligned} EI\,\frac{\partial^2 y}{\partial x^2} &= -M \\[2mm] EI\,\frac{\partial^3 y}{\partial x^3} &= -\frac{\partial M}{\partial x} = -F_{\mathrm{s}} \\[2mm] EI\,\frac{\partial^4 y}{\partial x^4} &= -\frac{\partial F_{\mathrm{s}}}{\partial x} = -m\,\frac{\partial^2 y}{\partial t^2} \end{aligned} \right\}$$

如果梁上还承受均布简谐荷载 $p\sin\theta t$ 作用,则梁的振动微分方程为

$$EI\,\frac{\partial^4 y}{\partial x^4} = -m\,\frac{\partial^2 y}{\partial t^2} + p\sin\theta t$$

或

$$EI\,\frac{\partial^4 y}{\partial x^4} + m\,\frac{\partial^2 y}{\partial t^2} = p\sin\theta t \tag{12 – 140}$$

这个微分方程的解包括两个部分,一是相应齐次方程的一般解,代表梁的自由振动;另一是特解,代表梁的受迫振动。下面我们来分别讨论这两部分解。

1. 梁的自由振动

此时微分方程是齐次的,即

$$EI\,\frac{\partial^4 y}{\partial x^4} + m\,\frac{\partial^2 y}{\partial t^2} = 0 \tag{12 – 141}$$

这是一个四阶线性偏微分方程,可利用分离变量法求解。设位移 y 为坐标位置函数 $F(x)$ 和时间函数 $T(t)$ 之积,即设

$$y = f(x, t) = F(x)T(t) \tag{12 – 142}$$

代入式(12 – 141),有

$$F\,\frac{\mathrm{d}^2 T}{\mathrm{d}t^2} + \frac{EI}{m}\,T\,\frac{\mathrm{d}^4 F}{\mathrm{d}x^4} = 0$$

或

$$-\frac{\dfrac{\mathrm{d}^2 T}{\mathrm{d}t^2}}{T} = \frac{EI}{m}\,\frac{\dfrac{\mathrm{d}^4 F}{\mathrm{d}x^4}}{F}$$

上式左边仅取决于变量 t,右边则仅取决于变量 x,而 t 与 x 彼此独立无关,因此要上式成立,只有左右两边同等于一个常量才行。设此常量用 ω^2 表示,则上式

可分解为两个独立的常微分方程：

$$\frac{\mathrm{d}^2 T}{\mathrm{d}t^2} + \omega^2 T = 0 \tag{12-143}$$

$$\frac{\mathrm{d}^4 F}{\mathrm{d}x^4} - \frac{\omega^2 m}{EI} F = 0 \tag{12-144}$$

式(12-143)与前述单自由度结构无阻尼自由振动微分方程相同,故它的解为

$$T = a\sin(\omega t + \varphi) \tag{12-145}$$

可见这是简谐振动,ω 为其自振角频率。而为了确定频率 ω 及其相应的主振型曲线,则须研究式(12-144)的求解。为此,令

$$k^4 = \frac{\omega^2 m}{EI} \quad \text{或} \quad \omega = k^2 \sqrt{\frac{EI}{m}} \tag{12-146}$$

k 称为频率特征值。于是,式(12-144)可改写为

$$\frac{\mathrm{d}^4 F}{\mathrm{d}x^4} - k^4 F = 0 \tag{12-147}$$

其通解为

$$F(x) = A'\cosh kx + B'\sinh kx + C'\cos kx + D'\sin kx \tag{12-148}$$

因此,式(12-142)成为

$$y(x,t) = F(x) \cdot T(t) = aF(x)\sin(\omega t + \varphi) = y_x \sin(\omega t + \varphi) \tag{12-149}$$

振幅曲线为

$$y_x = aF(x) = A\cosh kx + B\sinh kx + C\cos kx + D\sin kx \tag{12-150}$$

式中 A、B、C、D 为待定的任意常数。

为便于计算,今引入新的常量：

$$A = \frac{1}{2}(C_1 + C_3), \quad B = \frac{1}{2}(C_2 + C_4)$$

$$C = \frac{1}{2}(C_1 - C_3), \quad D = \frac{1}{2}(C_2 - C_4)$$

代入式(12-150),有

$$y_x = C_1 A_{kx} + C_2 B_{kx} + C_3 C_{kx} + C_4 D_{kx} \tag{12-151}$$

其中

$$\left.\begin{aligned}
A_{kx} &= \frac{1}{2}(\cosh kx + \cos kx) \\
B_{kx} &= \frac{1}{2}(\sinh kx + \sin kx) \\
C_{kx} &= \frac{1}{2}(\cosh kx - \cos kx) \\
D_{kx} &= \frac{1}{2}(\sinh kx - \sin kx)
\end{aligned}\right\} \tag{12-152}$$

称为<u>克雷洛夫函数</u>。它们之间有下述关系：

$$
\left.\begin{aligned}
\frac{\mathrm{d}}{\mathrm{d}x}(A_{kx}) &= A'_{kx} = kD_{kx} \\[2mm]
\frac{\mathrm{d}}{\mathrm{d}x}(B_{kx}) &= B'_{kx} = kA_{kx} \\[2mm]
\frac{\mathrm{d}}{\mathrm{d}x}(C_{kx}) &= C'_{kx} = kB_{kx} \\[2mm]
\frac{\mathrm{d}}{\mathrm{d}x}(D_{kx}) &= D'_{kx} = kC_{kx}
\end{aligned}\right\}
\tag{12-153}
$$

利用这个关系,可写出梁的挠度 y_x、角位移 y'_x、弯矩 M_x 和剪力 F_{Sx} 的公式如下:

$$
\left.\begin{aligned}
y_x &= C_1 A_{kx} + C_2 B_{kx} + C_3 C_{kx} + C_4 D_{kx} \\[1mm]
y'_x &= k(C_1 D_{kx} + C_2 A_{kx} + C_3 B_{kx} + C_4 C_{kx}) \\[1mm]
y''_x &= \frac{M_x}{EI} = k^2(C_1 C_{kx} + C_2 D_{kx} + C_3 A_{kx} + C_4 B_{kx}) \\[1mm]
y'''_x &= \frac{F_{Sx}}{EI} = k^3(C_1 B_{kx} + C_2 C_{kx} + C_3 D_{kx} + C_4 A_{kx})
\end{aligned}\right\}
\tag{12-154}
$$

任意常数 C_1、C_2、C_3、C_4 取决于边界条件。当 $x = 0$ 时,设

$$
y_x = y_0, \quad y'_x = y'_0, \quad y''_x = \frac{M_0}{EI}, \quad y'''_x = \frac{F_{S0}}{EI}
$$

因 $x = 0$ 时,$A_{kx} = 1$,$B_{kx} = C_{kx} = D_{kx} = 0$,故按式(12-154)有

$$
C_1 = y_0, \quad C_2 = \frac{1}{k}y'_0, \quad C_3 = \frac{1}{k^2}\frac{M_0}{EI}, \quad C_4 = \frac{1}{k^3}\frac{F_{S0}}{EI}
$$

把这些常量代入式(12-154)得

$$
\left.\begin{aligned}
EIy_x &= EIy_0 A_{kx} + EIy'_0 \frac{1}{k}B_{kx} + M_0 \frac{1}{k^2}C_{kx} + F_{S0}\frac{1}{k^3}D_{kx} \\[1mm]
EIy'_x &= EIy_0 kD_{kx} + EIy'_0 A_{kx} + M_0 \frac{1}{k}B_{kx} + F_{S0}\frac{1}{k^2}C_{kx} \\[1mm]
M_x &= EIy_0 k^2 C_{kx} + EIy'_0 kD_{kx} + M_0 A_{kx} + F_{S0}\frac{1}{k}B_{kx} \\[1mm]
F_{Sx} &= EIy_0 k^3 B_{kx} + EIy'_0 k^2 C_{kx} + M_0 kD_{kx} + F_{S0}A_{kx}
\end{aligned}\right\}
\tag{12-155}
$$

这就把待定常数 C_1、C_2、C_3 和 C_4 改用梁的初参数 y_0、y'_0、M_0 和 F_{S0} 来表达。根据梁的边界条件,通常可确定有两个初参数等于零和写出包含另两个初参数的两个齐次方程。为了求得非零解,应使该两方程的系数行列式等于零,这便得到了求解 k 值的<u>频率方程</u>或<u>特征方程</u>。求出 k 值后即可按式(12-146)求得频率 ω。将 k 值代回上述两齐次方程的任何一式,便可确定初参数之间的比值,再代入 y_x 的表达式即得到相应的主振型曲线。

无限自由度结构的频率方程为一超越方程,其解答有无穷多个,亦即结构有无穷多阶自振频率和振型。但在实用中一般只需求出其最低的几阶频率。对于每一阶频率 ω_i 和振型 $y_x^{(i)}$,方程(12-141)都有一个如式(12-149)的特解,其全解则为各特解的线性组合,即

$$y(x,t) = \sum_{i=1}^{\infty} a_i y_x^{(i)} \sin(\omega_i t + \varphi_i) \qquad (12-156)$$

例 12-9 试求图 12-35a 所示等截面两端固定梁的自振频率和振型。

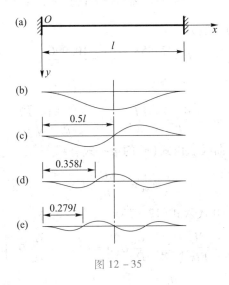

图 12-35

解: 根据梁的边界条件,当 $x=0$ 时有

$$y_0 = y_0' = 0, \quad M_0 \neq 0, \quad F_{s0} \neq 0$$

当 $x=l$ 时有

$$y_l = y_l' = 0$$

利用式(12-155)可得

$$\left. \begin{array}{l} EIy_l = M_0 \dfrac{1}{k^2} C_{kl} + F_{s0} \dfrac{1}{k^3} D_{kl} = 0 \\[2mm] EIy_l' = M_0 \dfrac{1}{k} B_{kl} + F_{s0} \dfrac{1}{k^2} C_{kl} = 0 \end{array} \right\} \qquad (a)$$

因 M_0、F_{s0} 不能全为零,故要求上式的系数行列式等于零,即

$$\begin{vmatrix} \dfrac{1}{k^2} C_{kl} & \dfrac{1}{k^3} D_{kl} \\[3mm] \dfrac{1}{k} B_{kl} & \dfrac{1}{k^2} C_{kl} \end{vmatrix} = 0$$

展开得

$$C_{kl}^2 - B_{kl}D_{kl} = 0$$

即

$$(\cosh kl - \cos kl)^2 - (\sinh^2 kl - \sin^2 kl) = 0$$

化简后有

$$\cosh kl \cos kl = 1 \tag{b}$$

由双曲函数及三角函数的图形可估计出：

$$kl \approx \frac{2i+1}{2}\pi \quad (i = 1, 2, \cdots)$$

用试算法可求得前四个值为

$$k_1 = \frac{4.730}{l}, \quad k_2 = \frac{7.853}{l}, \quad k_3 = \frac{10.996}{l}, \quad k_4 = \frac{14.137}{l}$$

相应的自振频率为

$$\omega_1 = \frac{22.37}{l^2}\sqrt{\frac{EI}{m}}, \quad \omega_2 = \frac{61.67}{l^2}\sqrt{\frac{EI}{m}}, \quad \omega_3 = \frac{120.91}{l^2}\sqrt{\frac{EI}{m}}, \quad \omega_4 = \frac{199.85}{l^2}\sqrt{\frac{EI}{m}}$$

下面来确定振型曲线。由式(a)的第一式有

$$F_{S0} = -\frac{kC_{kl}}{D_{kl}}M_0$$

将此 F_{S0} 值及 $y_0 = y_0' = 0$ 代入式(12-155)的第一式得

$$y_x = \frac{M_0}{EIk^2}\left(C_{kx} - \frac{C_{kl}}{D_{kl}}D_{kx}\right) = C\left(C_{kx} - \frac{C_{kl}}{D_{kl}}D_{kx}\right) \tag{c}$$

式中 M_0 尚为待定值，故可将 $\dfrac{M_0}{EIk^2}$ 以任意常数 C 表示。将 $k = k_1, k_2, \cdots$ 分别代入式 (c) 便可得出第一阶、第二阶、⋯主振型曲线，前四阶振型曲线的形状如图 12-35b ~ e 所示。

2. 简谐均布激振力作用下的受迫振动

此时微分方程为

$$EI\frac{\partial^4 y}{\partial x^4} + m\frac{\partial^2 y}{\partial t^2} = p\sin\theta t$$

设特解为

$$y = F(x)\sin\theta t \tag{12-157}$$

代入上式有

$$\frac{\mathrm{d}^4 F}{\mathrm{d}x^4} - \frac{\theta^2 m}{EI}F = \frac{p}{EI} \tag{12-158}$$

仍令

$$k^4 = \frac{\theta^2 m}{EI} \tag{12-159}$$

必须注意,这里的 k 是与激振力频率 θ 有关,而前面式(12-146)中的 k 则是与自振频率 ω 有关,二者是不同的。

运用与上述相似的步骤,可得到下述基本方程:

$$
\left.
\begin{aligned}
EIy_x &= EIy_0 A_{kx} + EIy_0' \frac{1}{k} B_{kx} + M_0 \frac{1}{k^2} C_{kx} + F_{S0} \frac{1}{k^3} D_{kx} + p \frac{A_{kx}-1}{k^4} \\[2mm]
EIy_x' &= EIy_0 k D_{kx} + EIy_0' A_{kx} + M_0 \frac{1}{k} B_{kx} + F_{S0} \frac{1}{k} C_{kx} + p \frac{D_{kx}}{k^3} \\[2mm]
M_x &= EIy_0 k^2 C_{kx} + EIy_0' k D_{kx} + M_0 A_{kx} + F_{S0} \frac{1}{k} B_{kx} + p \frac{C_{kx}}{k^2} \\[2mm]
F_{Sx} &= EIy_0 k^3 B_{kx} + EIy_0' k^2 C_{kx} + M_0 k C_{kx} + F_{S0} A_{kx} + p \frac{B_{kx}}{k}
\end{aligned}
\right\}
$$

$$(12-160)$$

利用此式根据边界条件便可解算梁在均布振动荷载 $p\sin\theta t$ 作用下的受迫振动问题。但是这与解算自由振动问题不同:在那里是求对应于头几阶自振频率的 k 值;而这里却是求由于激振力所引起的位移和内力,因激振力的频率 θ 是已知的,所以 k 值也是已知的。

按照类似的步骤,可以求解其他形式的周期激振力,诸如周期集中力或力偶等作用下的受迫振动。如果按照例12-9那样把各种支承情况的单跨梁的自由振动和受迫振动的公式都解算出来,就可以像静力计算中的位移法那样,解算刚架一类结构的动力计算问题。此外,在无限自由度结构中同样存在主振型的正交性,同样可用振型分解法计算其受迫振动。限于篇幅,这些内容就不作介绍了。

§12-12　计算频率的近似法

由以上讨论可知,随着结构自由度的增多,计算自振频率的工作量也随之加大。但是,在许多工程实际问题中,较为重要的通常只是结构前几阶较低的自振频率。这是因为频率越高,则振动速度越大,因而介质的阻尼影响也就越大,相应于高频率的振动形式也就愈不易出现。基于这种原因,用近似法计算结构的较低频率以简化计算就成为必要了。

下面介绍几种常用的方法。

1. 能量法

结构在振动中,具有两种形式的能量,一种是由于具有质量和速度而构成的动能,另一种则是由于结构变形而存储的应变能。此外,由于激振力的作用而不断地输入能量,而由于克服介质阻尼影响则不断消耗能量。结构就是在这些能量变化过程中进行振动的。

根据能量守恒原理,结构在无阻尼自由振动中的任何时刻,其动能 T 和应变能 V_ε 之和应等于常量,即

$$T(t) + V_\varepsilon(t) = 常量$$

当结构处于最大振幅位置上时,其动能等于零,而应变能具有最大值 $V_{\varepsilon max}$;当结构处于静力平衡位置的瞬间,其动能 T 具有最大值 T_{max},而应变能则为零。据此,有

$$V_{\varepsilon max} + 0 = T_{max} + 0 = 常量$$

亦即

$$V_{\varepsilon max} = T_{max}$$

以梁为例,假定其振动方程为

$$y(x,t) = y(x)\sin(\omega t + \varphi)$$

则其速度为

$$v = \dot{y}(x,t) = y(x)\omega\cos(\omega t + \varphi)$$

因而其动能为

$$T = \frac{1}{2}\int_0^l m(x)v^2\,dx = \frac{1}{2}\omega^2\cos^2(\omega t + \varphi)\int_0^l m(x)y^2(x)\,dx$$

当 $\cos(\omega t + \varphi) = 1$ 时有

$$T_{max} = \frac{1}{2}\omega^2\int_0^l m(x)y^2(x)\,dx \tag{12-161}$$

结构的应变能为

$$V_\varepsilon = \frac{1}{2}\int_0^l \frac{M^2\,dx}{EI} = \frac{1}{2}\int_0^l EI[y''(x,t)]^2\,dx$$

$$= \frac{1}{2}\sin^2(\omega t + \varphi)\int_0^l EI[y''(x)]^2\,dx$$

当 $\sin(\omega t + \varphi) = 1$ 时有

$$V_{\varepsilon max} = \frac{1}{2}\int_0^l EI[y''(x)]^2\,dx \tag{12-162}$$

由 $T_{max} = V_{\varepsilon max}$ 得

$$\omega^2 = \frac{\displaystyle\int_0^l EI[y''(x)]^2\,dx}{\displaystyle\int_0^l m(x)y^2(x)\,dx} \tag{12-163}$$

如果结构上除分布质量 $m(x)$ 外,还有集中质量 $m_i(i=1,2,\cdots,n)$,则上式应改为

$$\omega^2 = \frac{\displaystyle\int_0^l EI[y''(x)]^2\,dx}{\displaystyle\int_0^l m(x)y^2(x)\,dx + \sum_{i=1}^n m_i y_i^2} \tag{12-164}$$

利用上述公式计算自振频率时,必须知道振幅曲线 $y(x)$,但 $y(x)$ 事先往往未知,故只能假设一个 $y(x)$ 来进行计算。若所假设的曲线恰好与第一阶振型吻合,则可求得第一阶频率的精确值;若恰好与第二阶振型吻合,则可求得第二阶频率的精确值……。但假设的曲线往往是近似的,故求得的频率亦为近似值。由于假设高频率的振型较困难,常使误差很大,故这种方法适宜于计算第一阶频率。在假设曲线 $y(x)$ 时,至少应使它满足位移边界条件。为了提高精度,通常可采取某一静荷载,例如一般用结构的自重作用下的弹性曲线来作为 $y(x)$,此时应变能 $V_{\varepsilon max}$ 可以更简便地用外力功来代替,即

$$V_{\varepsilon max} = \frac{1}{2} \int_0^l m(x) g y(x) \, dx + \frac{1}{2} \sum_{i=1}^{n} m_i g y_i$$

于是式(12 – 164)可改写为

$$\omega^2 = \frac{\int_0^l m(x) g y(x) \, dx + \sum_{i=1}^{n} m_i g y_i}{\int_0^l m(x) y^2(x) \, dx + \sum_{i=1}^{n} m_i y_i^2} \qquad (12 - 165)$$

如果是求水平方向振动的频率,则重力应沿水平方向作用。

例 12 – 10 试用能量法求图 12 – 36a 所示两端固定等截面梁的自振第一阶频率。

解:取梁的自重 q 作用下的挠曲线作为第一阶振型(图 12 – 36b),即取

$$y(x) = \frac{ql^4}{24EI} \left(\frac{x^2}{l^2} - 2 \frac{x^3}{l^3} + \frac{x^4}{l^4} \right)$$

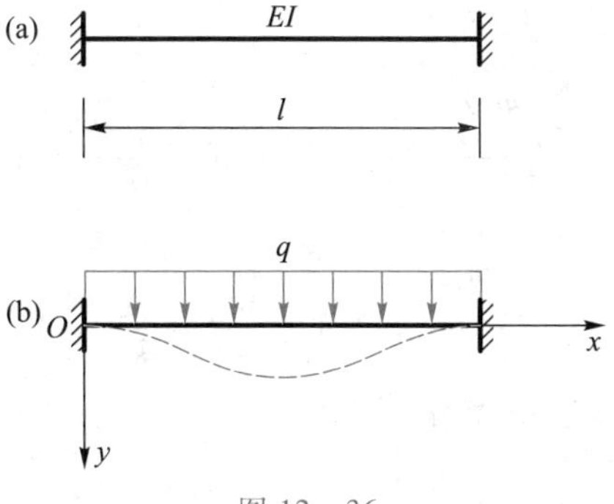

图 12 – 36

注意到 $q = mg$,因而有

$$\int_0^l m(x) g y(x) \, dx = \frac{q^2}{24EI} \int_0^l (l^2 x^2 - 2l x^3 + x^4) \, dx = \frac{q^2}{24EI} \frac{l^5}{30}$$

$$\int_0^l m(x) y^2(x) \, dx = \frac{mq^2}{(24EI)^2} \int_0^l (l^2 x^2 - 2l x^3 + x^4)^2 \, dx = \frac{mq^2}{(24EI)^2} \frac{l^9}{630}$$

代入式(12 – 165)得

$$\omega = \sqrt{\frac{q^2 l^5}{24EI \times 30} \cdot \frac{(24EI)^2 \times 630}{mq^2 l^9}} = \frac{22.45}{l^2}\sqrt{\frac{EI}{m}}$$

精确值为 $\omega_1 = \frac{22.37}{l^2}\sqrt{\frac{EI}{m}}$，可见能量法的精度是很好的。

例 12 - 11 用能量法求例 12 - 5 刚架的最低自振频率。

解：将此刚架重绘在图 12 - 37a 中，右边所注之 k_1、k_2、k_3 分别为第一、二、三层之<u>相对侧移刚度</u>，即该层上、下两端发生单位相对侧移时所需之总剪力值。

将各层重量 $m_i g$ 作为水平力加于结构（图 12 - 37b），以此所产生的位移作为第一阶振型，各层质量处位移为

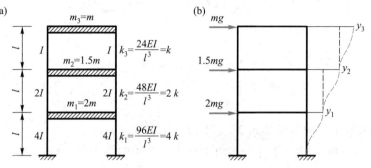

图 12 - 37

$$y_1 = \frac{\sum_{i=1}^{3} m_i g}{k_1} = \frac{4.5mg}{4k} = 1.125\frac{mg}{k}$$

$$y_2 = y_1 + \frac{\sum_{i=2}^{3} m_i g}{k_2} = 1.125\frac{mg}{k} + \frac{2.5mg}{2k} = 2.375\frac{mg}{k}$$

$$y_3 = y_2 + \frac{\sum_{i=3}^{3} m_i g}{k_3} = 2.375\frac{mg}{k} + \frac{mg}{k} = 3.375\frac{mg}{k}$$

一般说，n 层刚架中第 i 层位移为

$$y_i = y_{i-1} + \frac{\sum_{i=i}^{n} m_i g}{k_i} \qquad (12 - 166)$$

将以上 y_1、y_2 和 y_3 之值代入式(12 - 165)有

$$\omega^2 = \frac{\sum_{i=1}^{n} m_i g y_i}{\sum_{i=1}^{n} m_i y_i^2} = \frac{2 \times 1.125 + 1.5 \times 2.375 + 1 \times 3.375}{2 \times 1.125^2 + 1.5 \times 2.375^2 + 1 \times 3.375^2} \cdot \frac{m^2 g^2/k}{m^3 g^2/k^2}$$

$$= 0.410\ 47 \frac{k}{m} = 9.851\ 3 \frac{EI}{ml^3}$$

可得

$$\omega = 3.139 \sqrt{\frac{EI}{ml^3}}$$

比精确值 $3.067 \sqrt{\frac{EI}{ml^3}}$（见例 12 −5）只大 2.3% 。

2. 集中质量法

此法是把结构的分布质量在一些适当的位置集中起来而化为若干集中质量,把无限自由度结构简化为有限自由度结构。显然,集中质量的数目愈多,所得结果就愈精确,但相应计算工作量也愈大。不过,在求一般实用要求的低频率时,集中质量的数目毋须太多,即可得到满意的结果。

例 12 −12 试求具有均布质量 m 的简支梁的自振频率。

解:(1) 如图 12 −38a 所示,为了求最低频率,可将梁分为两段,并将每段的质量集中于该段的两端,使梁化为单自由度结构,然后按单自由度结构的频率计算公式即可求得

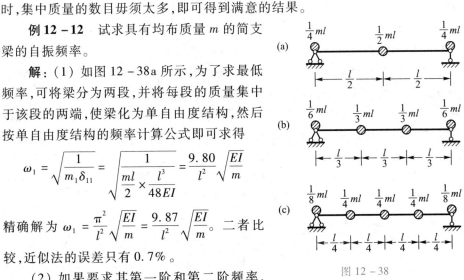

图 12 −38

$$\omega_1 = \sqrt{\frac{1}{m_1 \delta_{11}}} = \sqrt{\frac{1}{\frac{ml}{2} \times \frac{l^3}{48EI}}} = \frac{9.80}{l^2} \sqrt{\frac{EI}{m}}$$

精确解为 $\omega_1 = \frac{\pi^2}{l^2} \sqrt{\frac{EI}{m}} = \frac{9.87}{l^2} \sqrt{\frac{EI}{m}}$。二者比较,近似法的误差只有 0.7% 。

(2) 如果要求其第一阶和第二阶频率,则至少须把结构化为具有两个自由度。为此,可按图 12 −38b 方案将质量集中。有关位移为

$$\delta_{11} = \delta_{22} = \frac{4l^3}{243EI}, \quad \delta_{12} = \delta_{21} = \frac{7l^3}{486EI} = \frac{7}{8}\delta_{11}$$

将上列数值以及 $m_1 = m_2 = \frac{1}{3}ml$ 代入式(12 −61)计算,再由式(12 −62)得

$$\omega_1 = \frac{9.86}{l^2} \sqrt{\frac{EI}{m}}, \quad \omega_2 = \frac{38.2}{l^2} \sqrt{\frac{EI}{m}}$$

此时,ω_1 与精确解相差 0.1% ;ω_2 的精确解为 $\frac{39.48}{l^2} \sqrt{\frac{EI}{m}}$,故其近似解的误差

为 3.24%。

（3）如果要求其第一阶、第二阶和第三阶频率,则至少应将结构化为三个自由度的。若采用图 12 –38c 所示方案,则按多自由度结构的频率计算方法可求得

$$\omega_1 = \frac{9.865}{l^2}\sqrt{\frac{EI}{m}}, \quad \omega_2 = \frac{39.2}{l^2}\sqrt{\frac{EI}{m}}, \quad \omega_3 = \frac{84.6}{l^2}\sqrt{\frac{EI}{m}}$$

此时,ω_1 的误差仅为 0.05%;ω_2 的误差为 0.7%;而 ω_3 的精确解为 $\frac{88.83}{l^2}\sqrt{\frac{EI}{m}}$,其近似解的误差为 4.8%。

由上可见,集中质量法能给出良好的近似结果,故在工程上常被采用。特别是对于一些较为复杂的结构如桁架、刚架等,采用此法可简便地找出其最低频率。但在选择集中质量的位置时,须注意结构的振动形式,而将质量集中在振幅较大的地方,才能使所得的频率值较为正确。例如在计算简支梁的最低频率时,由于其相应的振动形式是对称的,且跨中振幅最大,故应将质量集中在跨度中点;而在计算双铰拱的最低频率时,则由于其相应的振动形式是反对称的,拱顶竖向位移为零,故不宜将质量集中在该处,而应集中在拱跨的两个 1/4 点处,因为这些地方的振幅较大（图 12 –39a）。又如对于图 12 –39b 所示刚架,当它作对称振动时,各结点无线位移,这时应将质量集中于杆件的中点;而在反对称振动时,如图 12 –39c 所示,应将质量集中在结点上。

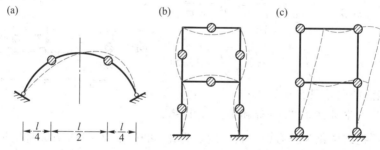

图 12 –39

*3. 用相当梁法计算桁架的最低频率

这种方法是用一个在某一特征点处位移与桁架位移相等的梁,称为<u>等代梁</u>,来代替原有桁架,用相当梁的自振频率近似代替原桁架的频率。特征点可选在跨度中点或有较大集中荷载作用的结点。

当桁架变形时,任一结点 k 的竖向位移 Δ_{kP} 可按第六章所述方法求得

$$\Delta_{kP} = \sum \frac{\overline{F}_{Nk}F_{NP}l}{EA} \tag{12–167}$$

相当梁上同一点 k 的竖向位移 v_{kP} 将是其惯性矩 I 的函数,故可写成

$$v_{kP} = f\left(\frac{1}{I}\right)$$

使二者相等即可算出相当梁的惯性矩 I。

例如对于简支桁架,设其自重为 q,则在具有相同重量的相当梁中点的竖向位移为

$$v_{kP} = \frac{5}{384} \frac{ql^4}{EI}$$

令 $v_{kP} = \Delta_{kP}$,则有

$$EI = \frac{5}{384} \frac{ql^4}{\Delta_{kP}} \qquad (12-168)$$

已知相当梁的惯性矩 I 以后,即可按简支梁的频率公式求其最低频率:

$$\omega = \frac{\pi^2}{l^2} \sqrt{\frac{EI}{m}}$$

将 $m = \dfrac{q}{g}$ 和式(12-168)代入,就有

$$\omega = \frac{\pi^2}{l^2} \sqrt{\frac{5ql^4 g}{384 q \Delta_{kP}}} = 1.13 \sqrt{\frac{g}{\Delta_{kP}}} \qquad (12-169)$$

例如图 12-40 所示对称桁架,设 $m = 10$ kg,$E = 200$ GPa,在所示质量的重力作用下,结点 3 的竖向位移可求得为

$$\Delta_{3P} = 109.7 \times 10^{-6} \text{ s}^2 \cdot g$$

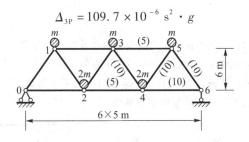

括号内为各杆的 l/A 值($\times 10^2$ m^{-1})

图 12-40

代入式(12-169),可得

$$\omega = 1.13 \sqrt{\frac{g}{109.7 \times 10^{-6} \text{ s}^2 \cdot g}} = 108 \text{ s}^{-1}$$

按其他复杂方法求得的最低自振频率为 106 s^{-1},可见这个近似方法是相当精确的。

复习思考题

1. 怎样区别动力荷载与静力荷载？动力计算与静力计算的主要差别是什么？

2. 何谓结构的振动自由度？它与机动分析中的自由度有何异同？如何确定结构的振动自由度？

3. 建立振动微分方程有哪两种基本方法？每种方法所建立的方程代表什么条件？

4. 为什么说结构的自振频率和周期是结构的固有性质？怎样改变它们？

5. 阻尼对结构的自振频率和振幅有什么影响？何谓临界阻尼情况？

6. 何谓动力系数？简谐荷载下动力系数与哪些因素有关？在何种情况下位移动力系数与内力动力系数是相同的？

7. 在杜哈梅积分中时间变量 τ 与 t 有什么区别？

8. 多自由度结构的柔度矩阵和刚度矩阵中每一元素的含义是什么？怎样求得？何时采用柔度法较好？何时采用刚度法较好？

9. 何谓主振型？在何种情况下多自由度结构才按某一主振型振动？

10. 何谓主振型的正交性？不同的振型对柔度矩阵是否也具有正交性？为什么？

11. 图 12-41 所示为两个对称结构，试绘出其各主振型的大致形状。杆件本身质量及轴向变形略去不计。（提示：可考虑结构的对称性和振型间的正交性。）

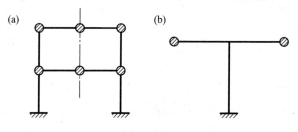

图 12-41

12. 多自由度结构各质点的位移动力系数是否相等？它们与内力动力系数又是否相等？

13. 单自由度结构与多自由度结构的地震作用有何异同？

14. 在能量法中采用某静载作用下的位移近似作为第一阶振型来求最低频率时，对图 12-42 所示两结构应怎样加载才能使结果较准确？

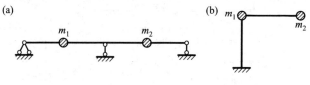

图 12-42

习　题

12-1　试确定图示各结构的振动自由度。各集中质点略去其转动惯量，杆件质量除注明者外略去不计，杆件轴向变形忽略不计。

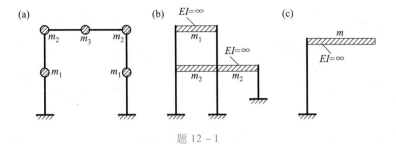

题 12 – 1

12 – 2　试列出图示结构的振动微分方程,不计阻尼。[提示:(a)列动力平衡方程 $\Sigma M_A = 0$ 较简便;(b)列位移方程较简便。]

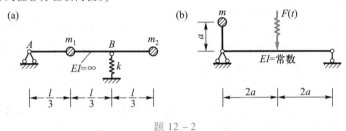

题 12 – 2

12 – 3　试求图示各结构的自振频率。略去杆件自重及阻尼影响。

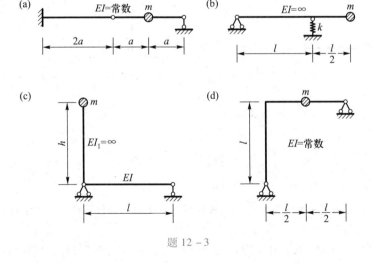

题 12 – 3

12 – 4　试求题 12 – 2a 所示结构的自振频率。

12 – 5　试求图示桁架的自振频率。已知质量 m 重为 $mg = 40$ kN,$g = 9.81$ m/s^2,桁架各杆截面相同,$A = 2 \times 10^{-3}$ m^2,$E = 210$ GPa,并设桁架各杆自重及质量 m 的水平运动均可略去不计。

12 – 6　试求图示刚架侧移振动时的自振频率和周期。横梁的刚度可视为无穷大,重量为 $mg = 200$ kN(柱子的部分重量已集中到横梁处,不需另加考虑),$g = 9.81$ m/s^2,柱的 $EI = 5 \times 10^4$ kN·m^2。

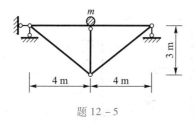

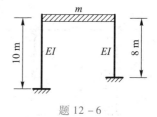

题 12 - 5　　　　　　　　　　　　　　题 12 - 6

12 - 7　在题 12 - 6 中若初始位移为 10 mm,初始速度为 0.1 m/s。试求振幅值和 $t = 1$ s 时的位移值。

12 - 8　在题 12 - 6 中若阻尼比 $\xi = 0.05$,试求自振频率及周期。又若 $y_0 = 10$ mm, $\dot{y}_0 = 0.1$ m/s。求 $t = 1$ s 时位移是多少?

12 - 9　图示悬臂梁具有一重量 $mg = 12$ kN 的集中质量,其上受有振动荷载 $F\sin\theta t$,其中 $F = 5$ kN。若不考虑阻尼,试分别计算该梁在振动荷载为每分钟振动 300 次和 600 次两种情况下的最大竖向位移和最大负弯矩。已知 $l = 2$ m,$E = 210$ GPa,$I = 3.4 \times 10^{-5}$ m^4。梁的自重可略去不计。

12 - 10　测得某结构自由振动经过 10 个周期后振幅降为原来的 5%。试求阻尼比和在简谐激振力作用下共振时的动力系数。

12 - 11　爆炸荷载可近似用图示规律表示,即

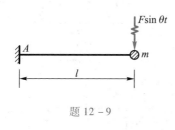

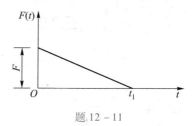

题 12 - 9　　　　　　　　　　　　　　题 12 - 11

$$F(t) = \begin{cases} F\left(1 - \dfrac{t}{t_1}\right) & (t \leqslant t_1) \\ 0 & (t \geqslant t_1) \end{cases}$$

若不考虑阻尼,试求单自由度结构在此种荷载作用下的动力位移公式。设结构原处于静止状态。

12 - 12 ~ 12 - 13　试求图示梁的自振频率和主振型。梁的自重可略去不计,$EI = $ 常数。

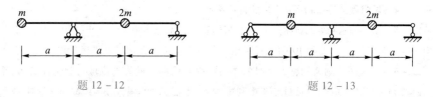

题 12 - 12　　　　　　　　　　　　　　题 12 - 13

12 - 14 ~ 12 - 15　试求图示刚架的自振频率和主振型。

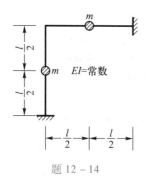

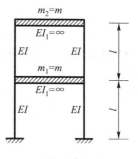

题 12－14　　　　　　　　　　　题 12－15

12－16　图示悬臂梁上装有两个发电机,重各为 $G = 30$ kN,振动力最大值为 $F = 5$ kN。试求当发电机 D 不开动而发电机 C 在每分钟转动次数为 （a）300 次; （b）500 次时梁的动力弯矩图。已知梁的 $E = 210$ GPa, $I = 2.4 \times 10^{-4}$ m⁴。梁重可略去。

12－17　图示梁的 $E = 210$ GPa, $I = 1.6 \times 10^{-4}$ m⁴,重量 $mg = 20$ kN,设振动荷载最大值 $F = 4.8$ kN,角频率 $\theta = 30$ s⁻¹。试求两质量处的最大竖向位移。梁重可以略去。

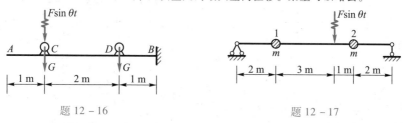

题 12－16　　　　　　　　　　　题 12－17

12－18　试求图示刚架的最大动力弯矩图。设 $\theta = \sqrt{\dfrac{48EI}{ml^3}}$,刚架自重已集中于两质点处。

12－19　图示刚架各横梁刚度为无穷大,试求各横梁处的位移幅值和柱端弯矩幅值。已知 $m = 100$ t, $EI = 5 \times 10^5$ kN · m², $l = 5$ m;简谐荷载幅值 $F = 30$ kN,每分钟振动 240 次。

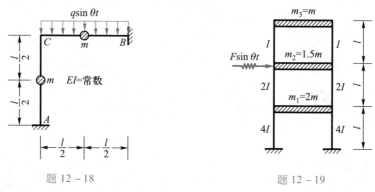

题 12－18　　　　　　　　　　　题 12－19

12－20　用振型分解法重作题 12－16。

12－21　用振型分解法重作题 12－19。荷载为突加荷载,大小与位置不变;考虑阻尼并

已知 ξ_1 与 ξ_2 均为 0.05。

*12 - 22   试求图示具有均布质量 $m = q/g$ 的简支梁的自振频率和振型。

*12 - 23   图示梁具有均布质量 $m = q/g$，试求其第一阶和第二阶自振频率。

12 - 24   试用能量法求题 12 - 23 所示梁的最低自振频率。设以梁在自重下的弹性曲线为其振动形式。

*12 - 25   试用相当梁法求图示桁架的第一阶自振频率。已知各杆截面面积均为 $A = 2 \times 10^{-3}$ m^2，$E = 210$ GPa。

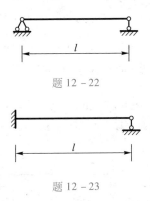

题 12 - 22

题 12 - 23

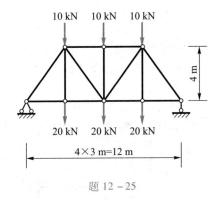

题 12 - 25

答　案

12 - 1　(a) 4;(b) 2;(c) 2

12 - 2　(a) $\ddot{y}_1 + \dfrac{4k}{m_1 + 9m_2}y_1 = 0$;

　　　(b) $\ddot{y} + \dfrac{3EI}{5a^3 m}y = \dfrac{3}{5}\dfrac{F(t)}{m}$;

12 - 3　(a) $\sqrt{\dfrac{6EI}{5a^3 m}}$;(b) $\dfrac{2}{3}\sqrt{\dfrac{k}{m}}$;

　　　(c) $\sqrt{\dfrac{3EI}{h^2 lm}}$;(d) $8.172\sqrt{\dfrac{EI}{ml^3}}$

12 - 4　$\sqrt{\dfrac{4k}{m_1 + 9m_2}}$

12 - 5　87.3 s^{-1}

12 - 6　$\omega = 9.32$ s^{-1}, $T = 0.674$ s

12 - 7　$a = 14.67$ mm,

　　　$y_{t=1} = -8.82$ mm

12 - 8　$\omega' = 9.30$ s^{-1},

　　　$T = 0.676$ s,

　　　$y_{t=1} = -5.34$ mm

12 - 9　(a) $\Delta_{max} = 7.88$ mm($\downarrow$),

　　　$M_A = -42.2$ kN $\cdot$ m;

　　　(b) $\Delta_{max} = 6.18$ mm($\downarrow$),

　　　$M_A = -36.4$ kN $\cdot$ m

12 - 10　$\xi \approx 0.047\,7, \mu \approx 10.5$

12 - 11　当 $t \leqslant t_1$,

　　　$y = y_{st}\left(1 - \cos \omega t + \dfrac{\sin \omega t}{\omega t_1} - \dfrac{t}{t_1}\right)$;

　　　当 $t \geqslant t_1$,

　　　$y = y_{st}\Big[-\cos \omega t +$

　　　$\dfrac{\sin \omega t - \sin \omega (t - t_1)}{\omega t_1}\Big]$

12 - 12　$\omega_1 = 0.931\sqrt{\dfrac{EI}{ma^3}}$,

　　　$\omega_2 = 2.352\sqrt{\dfrac{EI}{ma^3}}$,

　　　$\dfrac{A_2^{(1)}}{A_1^{(1)}} = -0.305, \dfrac{A_2^{(2)}}{A_1^{(2)}} = 1.638$

12 - 13　$\omega_1 = 1.928\sqrt{\dfrac{EI}{ma^3}}$,

$$\omega_2 = 3.327 \sqrt{\frac{EI}{ma^3}},$$

$$\rho_1 = -1.592, \rho_2 = 0.314$$

12 – 14　$\omega_1 = 10.47 \sqrt{\frac{EI}{ml^3}},$

$$\omega_2 = 13.86 \sqrt{\frac{EI}{ml^3}},$$

$$\rho_1 = -1, \quad \rho_2 = 1$$

12 – 15　$\omega_1 = 3.028 \sqrt{\frac{EI}{ml^3}},$

$$\omega_2 = 7.927 \sqrt{\frac{EI}{ml^3}},$$

$$\frac{A_2^{(1)}}{A_1^{(1)}} = 1.618, \frac{A_2^{(2)}}{A_1^{(2)}} = -0.618$$

12 – 16　（a）$M_B = 33.90$ kN · m；

（b）$M_B = 29.45$ kN · m

12 – 17　$y_1^0 = 2.27$ mm，

$$y_2^0 = 2.41 \text{ mm}$$

12 – 18　$M_B = \frac{15}{96} q l^2$

12 – 19　$\begin{pmatrix} y_1^0 \\ y_2^0 \\ y_3^0 \end{pmatrix} = \begin{pmatrix} -0.076 \\ -0.177 \\ -0.518 \end{pmatrix}$ mm

各层柱端弯矩幅值

$$\begin{pmatrix} M_1 \\ M_2 \\ M_3 \end{pmatrix} = \begin{pmatrix} 36.3 \\ 24.4 \\ 40.9 \end{pmatrix} \text{kN · m}$$

12 – 21　各横梁处的位移幅值

$$\begin{pmatrix} y_1^0 \\ y_2^0 \\ y_3^0 \end{pmatrix} = \begin{pmatrix} 0.146 \\ 0.434 \\ 0.435 \end{pmatrix} \text{mm}$$

各层柱端弯矩幅值

$$\begin{pmatrix} M_1 \\ M_2 \\ M_3 \end{pmatrix} = \begin{pmatrix} -69.9 \\ -69.3 \\ -0.1 \end{pmatrix} \text{kN · m}$$

***12 – 22**　$\omega_i = \frac{i^2 \pi^2}{l^2} \sqrt{\frac{EIg}{q}} \quad (i = 1,2,3,\cdots),$

$$y^{(i)}(x) = C \sin \frac{i\pi x}{l}$$

$$(i = 1,2,3,\cdots)$$

***12 – 23**　$\omega_1 = \frac{15.42}{l^2} \sqrt{\frac{EIg}{q}},$

$$\omega_2 = \frac{49.97}{l^2} \sqrt{\frac{EIg}{q}}$$

12 – 24　$\omega = \frac{15.45}{l^2} \sqrt{\frac{EIg}{q}}$

***12 – 25**　以下弦中点为特征点，

$$\omega = 79.9 \text{ s}^{-1}$$

第十三章 结构弹性稳定

§13-1 概述

为了保证结构的安全,除了进行强度计算外,还需计算其稳定性。历史上曾有过不少因结构失稳而造成破坏的工程事故。随着大跨度及高层建筑日益广泛地采用高强材料和薄壁结构,稳定问题就更加突出,往往成为控制设计的因素。

结构的失稳现象可分为三类。

第一类失稳(分支点失稳)可用图13-1a所示理想中心受压直杆来说明。当荷载 F 较小时,若由于任何外因的干扰,例如微小水平力的作用而使压杆弯曲,则在取消干扰后,压杆将回到原有直线位置而不能占有其他位置。此时,压杆的直线平衡形式是稳定的。当 F 值达到某一特定数值时,若由于干扰使压杆发生微小弯曲,则在取消干扰后,压杆将停留在弯曲位置上(图13-1b)而不能回到原来的直线位置。此时,压杆的直线平衡形式已开始成为不稳定的,出现了平衡形式的分支,即此时压杆既可以具有原来只受

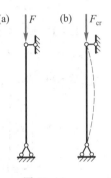

图 13-1

轴力的直线平衡形式,也可以具有新的同时受压和受弯的弯曲平衡形式。我们称这种现象为压杆丧失了第一类稳定性,或称为分支点失稳。此时相应的荷载值称为临界荷载,用 F_{cr} 表示,它是使结构原有平衡形式保持稳定的最大荷载,也是使结构产生新的平衡形式的最小荷载。

除中心受压直杆外,丧失第一类稳定性的现象还可以在其他结构中发生。例如图13-2a所示承受均布水压力的圆环,当压力达到临界值 q_{cr} 时,原有圆形平衡形式将成为不稳定的,而可能出现新的非圆的平衡形式。又如图13-2b所示承受均布荷载的抛物线拱和图13-2c所示刚架,在荷载达到临界值以前,都处于轴向受压状态;而当荷载达到临界值时,将出现同时具有压缩和弯曲变形的新的平衡形式。再如图13-2d所示工字梁,当荷载达到临界值以前,它仅在其腹板平面内弯曲;当荷载达到临界值时,原有平面弯曲形式不再是稳定的,梁将从腹板平面内偏离出来,发生斜弯曲和扭转。

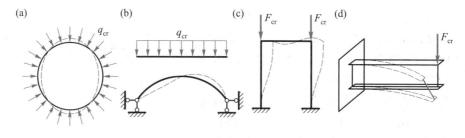

图 13-2

综上所述,丧失第一类稳定性的特征是:结构的平衡形式即内力和变形状态发生质的突变,原有平衡形式成为不稳定的,同时出现新的有质的区别的平衡形式。

第二类失稳(极值点失稳)与上述情况不同,结构中还有丧失第二类稳定性的问题。例如图 13-3a 所示由塑性材料制成的偏心受压直杆,不论 F 值如何,杆件一开始就处于同时受压和受弯的状态。当 F 达到临界值以前,若不加大荷载,则杆件的挠度亦不会增加。当 F 达到临界值 F_{cr}(比上述中心受压直杆的临界荷载小)时,即使荷载不增加甚至减小,挠度仍继续增加(图 13-3b)。这种现象称为结构丧失第二类稳定性,或称为极值点失稳。可见,丧失第二类稳定性的特征是:平衡形式并不发生质变,变形按原有形式迅速增长,使结构丧失承载能力。

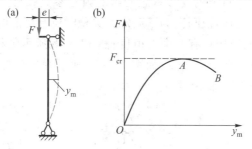

图 13-3

工程中的结构实际上不可能处于理想的中心受压状态,因此实际上很多属第二类稳定问题。第二类稳定问题的分析比第一类稳定问题复杂,有时也将其化为第一类稳定问题来处理,而将偏心等影响通过各种系数反映。

第三类失稳(跃越失稳)荷载-位移关系如图 13-4a 所示,即荷载有极大值(A 点)和极小值(D 点)的情况。当持续加载至与 A 点对应的荷载值时,变形突然增加到 B 点,如继续加载,则变形沿 BC 继续发展。若由此持续减载,则将通过 B 点沿 BD 线发展,到达与 D 点对应的荷载值时又急剧地减少到 E 点,如再继续减载,则沿 EO 发展。这种变形突然变化的现象称为跃越。A 点和 D 点所对应的荷载分别称为上升及下降跃越荷载。曲线中的 AD 段对应于不稳定平衡状态,即使人为地加上某种约束使结构在这一段内维持平衡,那么在除掉约束以后,结构立即向稳定平衡状态的 DB 段(加载时)或 AE 段(减载时)的相应变形位置跃越。图 13－4b 的承受均布荷载的微弯梁是可能发生跃越现象的一例。此外,受均布压力的扁球壳、圆筒壳等也都有发生跃越现象的可能。这种现象称为跃越失稳(第三类稳定性)。跃越问题在理论和实验上都是结构稳定理论中的一个复杂问题。本章只限于讨论在弹性范围内丧失第一类稳定性的问题。

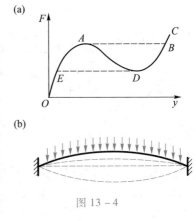

图 13－4

稳定计算的中心问题在于确定临界荷载。我们将介绍确定临界荷载的两种基本方法:静力法和能量法。这两种方法的共同点在于:它们都是根据结构失稳时可具有原来的和新的两种平衡形式,即从平衡的二重性出发,通过寻求结构在新的形式下能维持平衡的荷载,从而确定临界荷载;所不同的是:静力法是应用静力平衡条件,能量法则是应用以能量形式表示的平衡条件。

在稳定计算中,需涉及结构稳定的自由度的概念。这里所谓自由度,是指为确定结构失稳时所有可能的变形状态所需的独立参数数目。如图 13－5a 所示支承在抗转弹簧上的刚性压杆,为了确定其失稳时所有可能的变形状态,仅需一个独立参数 φ,故此结构只有一个自由度;图 13－5b 所示结构则需两个独立参数 y_1 和 y_2,因此具有两个自由度;而图 13－5c 所示弹性压杆,则需无限多个独立参数 y,故具有无限多自由度。

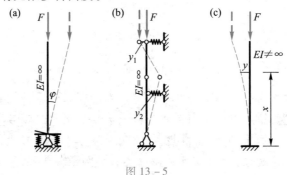

图 13－5

§13－2　用静力法确定临界荷载

用静力法确定临界荷载,就是以结构失稳时平衡的二重性为依据,应用静力平衡条件,寻求结构在新的形式下能维持平衡的荷载,其最小值即为临界荷载。

图 13−6a 所示单自由度结构,刚性压杆下端抗转弹簧的刚度(发生单位转角所需的力偶矩)为 k。设压杆偏离竖直位置时(图 13−6b)仍处于平衡状态,则由平衡条件 $\Sigma M_A = 0$ 有

$$Fl\sin \varphi - k\varphi = 0 \tag{a}$$

当位移很微小时,可以认为 $\sin \varphi = \varphi$,故式(a)可近似写为

$$(Fl - k)\varphi = 0 \tag{b}$$

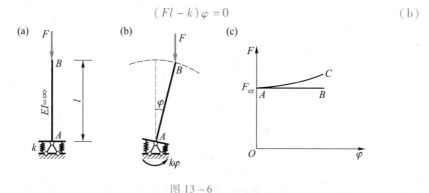

图 13−6

当 $\varphi = 0$ 时上式满足,但这是对应于结构原有的平衡形式;对于新的平衡形式,则要求 $\varphi \neq 0$,因而 φ 的系数应等于零,即

$$Fl - k = 0 \tag{c}$$

这就是结构不仅在原有形式下而且在新的形式下也能维持平衡的条件。它反映了失稳时平衡形式具有二重性这一特征,故称为稳定方程或特征方程。由式(c)可解出临界荷载为

$$F_{\text{cr}} = \frac{k}{l} \tag{d}$$

应该指出,当 $F = F_{\text{cr}}$ 时,由式(b)无法确定 φ 的大小,即无论 φ 为任何数值均可满足平衡方程(b),结构此时处于所谓随遇平衡状态(图 13−6c 中的水平线 AB)。但实际上这是由于采用近似方程(b)所带来的假象,若采用精确的方程(a)则有

$$F = \frac{k\varphi}{l\sin \varphi} \tag{e}$$

当 $\varphi \neq 0$ 时,φ 与 F 的数值仍是一一对应的(图 13−6c 中的曲线 AC)。然而,若不涉及失稳后的位移计算而只要求临界荷载的数值,则可采用近似方程求解。

对于具有 n 个自由度的结构,则可对新的平衡形式列出 n 个平衡方程,它们是关于 n 个独立参数的齐次方程。根据这 n 个参数不能全为零(否则对应于原有平衡形式),因而其系数行列式 D 应等于零的条件便可建立稳定方程:

$$D = 0 \tag{13-1}$$

此稳定方程有 n 个根,即有 n 个特征荷载,其中最小者为临界荷载。

例13-1 试求图 13-7a 所示结构的临界荷载。两抗移弹性支座的刚度(发生单位线位移所需的力)均为 k。

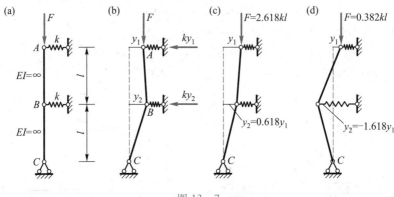

图 13-7

解:结构具有两个自由度,设失稳时 A、B 点的位移分别为 y_1 和 y_2(图 13-7b),又设位移是微小的,因而 AB、BC 在竖直方向的投影长度仍可近似看作是 l。由平衡条件 $\Sigma M_B = 0$ 和 $\Sigma M_C = 0$ 有

$$\left.\begin{array}{c} F(y_2 - y_1) + ky_1 l = 0 \\ - Fy_1 + 2ky_1 l + ky_2 l = 0 \end{array}\right\}$$

即

$$\left.\begin{array}{c} (kl - F)y_1 + Fy_2 = 0 \\ (2kl - F)y_1 + kly_2 = 0 \end{array}\right\} \tag{f}$$

y_1、y_2 不全为零,则应有

$$\begin{vmatrix} (kl - F) & F \\ (2kl - F) & kl \end{vmatrix} = 0$$

展开得

$$F^2 - 3klF + (kl)^2 = 0$$

解得

$$F = \frac{3 \pm \sqrt{5}}{2} kl = \begin{cases} 2.618kl \\ 0.382kl \end{cases}$$

应取最小者为临界荷载:

$$F_{\mathrm{cr}} = \frac{3 - \sqrt{5}}{2} kl = 0.382kl$$

现在进一步讨论结构失稳的形式。式(f)为 y_1、y_2 的线性齐次方程,故不能

求得 y_1、y_2 的确定解答,但可由其中任何一式求得 y_1、y_2 的比值。若将 $F = \dfrac{3+\sqrt{5}}{2}kl$ 代回式(f)可得

$$\frac{y_2}{y_1} = \frac{1+\sqrt{5}}{3+\sqrt{5}} = 0.618$$

相应的位移形式如图 13-7c 所示。而将 $F = \dfrac{3-\sqrt{5}}{2}kl$ 代回式(f)则得

$$\frac{y_2}{y_1} = \frac{1-\sqrt{5}}{3-\sqrt{5}} = -1.618$$

相应的位移形式如图 13-7d 所示。当然,图 13-7c 只是理论上存在,实际上在此之前结构必先以图 13-7d 的形式失稳。

对于无限自由度结构,用静力法确定临界荷载的步骤仍与上述相同,即首先假设结构已处于新的平衡形式,列出其平衡方程,不过此时平衡方程不是代数方程而是微分方程。求解此微分方程,并利用边界条件得到一组与未知常数数目相同的齐次方程,为了获得非零解答应使其系数行列式 D 等于零而建立稳定方程。此时,稳定方程为超越方程,有无穷多个根,因而有无穷多个特征荷载值(相应有无穷多种变形曲线形式),其中最小者为临界荷载。

例如图 13-8a 所示一端固定另一端铰支的等截面中心受压弹性直杆,设其已处于新的曲线平衡形式,则其任一截面的弯矩为

$$M = -Fy + F_R(l-x)$$

式中 F_R 是上端支座的反力。挠曲线的近似微分方程为

$$EIy'' = M = -Fy + F_R(l-x)$$

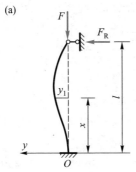
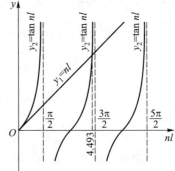

图 13-8

即

$$y'' + \frac{F}{EI}y = \frac{F_R}{EI}(l-x)$$

令

$$n^2 = \frac{F}{EI} \tag{13-2}$$

则有

$$y'' + n^2 y = n^2 \frac{F_R}{F}(l-x)$$

此微分方程的通解为

$$y = A\cos nx + B\sin nx + \frac{F_R}{F}(l-x) \tag{g}$$

式中 A、B 为积分常数，$\dfrac{F_R}{F}$ 也是未知的。已知边界条件为

$$当\ x = 0\ 时，\quad y = 0\ 和\ y' = 0$$
$$当\ x = l\ 时，\quad y = 0$$

将它们分别代入式（g），可得关于 A、B、$\dfrac{F_R}{F}$ 的齐次方程组：

$$\left.\begin{array}{l} A + \dfrac{F_R}{F}l = 0 \\[2mm] Bn - \dfrac{F_R}{F} = 0 \\[2mm] A\cos nl + B\sin nl = 0 \end{array}\right\}$$

当 $A = B = \dfrac{F_R}{F} = 0$ 时，上式满足，但由式（g）可知此时各点的位移 y 均等于零，这对应于原有的直线平衡形式；对于新的弯曲平衡形式，则要求 A、B、$\dfrac{F_R}{F}$ 不全为零。于是，上述方程组的系数行列式应等于零，即稳定方程为

$$\begin{vmatrix} 1 & 0 & l \\ 0 & n & -1 \\ \cos nl & \sin nl & 0 \end{vmatrix} = 0$$

展开整理得

$$\tan nl = nl \tag{h}$$

此超越方程可用试算法并配合以图解法求解。图 13－8b 绘出了 $y_1 = nl$ 和 $y_2 = \tan nl$ 的函数图线，它们的交点的横坐标即为方程的根。因交点有无穷多个，故方程有无穷多个根。由图可见，最小正根 nl 在 $\dfrac{3\pi}{2} \approx 4.7$ 的左侧附近，其准确数值可由试算法求得（见表 13－1）为

$$nl = 4.493$$

表 13-1　试算法求最小正根

nl	$\tan nl$	$nl - \tan nl$
4.5	4.637	-0.137
4.4	3.096	1.304
4.49	4.422	0.068
4.491	4.443	0.048
4.492	4.464	0.028
4.493	4.485	0.008
4.494	4.506	-0.012

将其代入式(13-2)即可求得临界荷载为

$$F_{\mathrm{cr}} = n^2 EI = \left(\frac{4.493}{l}\right)^2 EI = \frac{20.19}{l^2}EI$$

静力法确定临界荷载的计算步骤：

（1）假设结构失稳时新的平衡状态；

（2）依据静力平衡条件，建立临界状态平衡方程；

（3）根据结构失稳时平衡的二重性，即位移有非零解，建立特征方程或稳定方程；

（4）解此特征方程，求特征根，即特征荷载；

（5）由最小的特征荷载确定临界荷载。

§13-3　具有弹性支座压杆的稳定

在工程结构中常遇到具有弹性支座的压杆。例如在一些刚架中，常可将其中某根压杆取出，而以弹性支座代替其余部分对它的约束作用。如图13-9a所示刚架，*AB* 杆上端铰支，下端不能移动而可转动，但其转动要受到 *BC* 杆的弹性约束，这可以用一个抗转弹簧来表示，如图13-9b所示。抗转弹簧的刚度 k_1 应由使结构其余部分即梁 *BC* 的 *B* 端发生单位转角时所需的力偶矩来确定，由图13-9c 知

$$k_1 = \frac{3EI_1}{l_1} \tag{a}$$

图13-9b所示压杆失稳时，设下端转角为 φ_1，则相应的反力偶矩为 $M_1 = k_1\varphi_1$，设上端反力为 F_{R}，则由平衡条件 $\sum M_B = 0$ 可得

$$F_{\mathrm{R}} = \frac{M_1}{l} = \frac{k_1\varphi_1}{l} \tag{b}$$

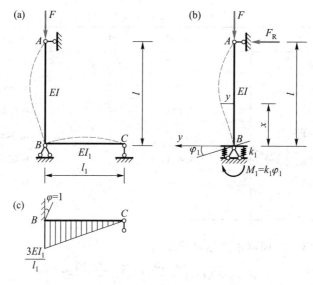

图 13 – 9

压杆挠曲线的平衡微分方程为

$$EIy'' = -Fy + F_R(l - x)$$

令

$$n^2 = \frac{F}{EI}$$

并注意到式(b),则上述微分方程可写为

$$y'' + n^2 y = \frac{k_1 \varphi_1}{EIl}(l - x)$$

上式的通解为

$$y = A\cos nx + B\sin nx + \frac{k_1 \varphi_1}{Fl}(l - x)$$

式中有三个未知常数:A、B、φ_1,而边界条件为

$$当 x = 0, \quad y = 0 \text{ 和 } y' = \varphi_1$$

$$当 x = l, \quad y = 0$$

据此可建立如下的齐次方程组:

$$A + \frac{k_1}{F}\varphi_1 = 0$$

$$Bn - \left(\frac{k_1}{Fl} + 1\right)\varphi_1 = 0$$

$$A\cos nl + B\sin nl = 0$$

A、B 和 φ_1 不能全为零,因而稳定方程为

$$\begin{vmatrix} 1 & 0 & \dfrac{k_1}{F} \\[2mm] 0 & n & -\left(\dfrac{k_1}{Fl}+1\right) \\[2mm] \cos nl & \sin nl & 0 \end{vmatrix} = 0$$

将其展开,并注意到 $F = n^2 EI$,整理后可得

$$\tan nl = \frac{nl}{1 + \dfrac{EI}{k_1 l}(nl)^2} \tag{13 − 3}$$

当弹簧刚度 k_1 之值给定时,便可由此超越方程解出 nl 的最小正根,从而求得临界荷载 F_{cr}。特殊情况下,当 $k_1 = 0$ 时,式(13 −3)便成为

$$\sin nl = 0$$

这便是两端铰支的情形。而当 $k_1 = \infty$ 时便成为一端铰支一端固定的情况,此时式(13 −3)变成

$$\tan nl = nl$$

这与上节的式(h)相同。

对于图 13 −10a 所示一端弹性固定另一端自由的压杆,按照同样的步骤可求得其稳定方程为

$$nl \tan nl = \frac{k_1 l}{EI} \tag{13 − 4}$$

而图 13 −10b 所示一端固定另一端有一抗移弹簧支座的压杆,稳定方程为

$$\tan nl = nl - \frac{EI(nl)^3}{k_3 l^3} \tag{13 − 5}$$

式中 k_3 是抗移弹簧的刚度。

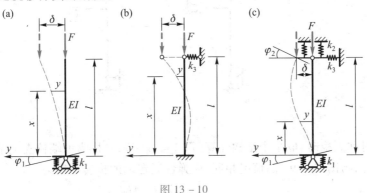

图 13 − 10

图 13 −10c 所示压杆两端各有一抗转弹簧,上端并有一抗移弹簧(它们的刚度分别为 k_1、k_2 和 k_3),按静力法可导出其稳定方程为

$$
\begin{vmatrix}
1 & 0 & \left(1-\dfrac{k_3 l}{F}\right) & \dfrac{k_2}{F} \\[2ex]
\cos nl & \sin nl & 0 & \dfrac{k_2}{F} \\[2ex]
0 & n & \left(\dfrac{k_3}{F}+\dfrac{k_3 l}{k_1}-\dfrac{F}{k_1}\right) & -\dfrac{k_2}{k_1} \\[2ex]
-n\sin nl & n\cos nl & \dfrac{k_3}{F} & 1
\end{vmatrix}=0 \qquad (13-6)
$$

实际上这是弹性支座压杆的稳定方程的一般情形,其他各种特殊情况的稳定方程均可由此推求而得。例如对于图 13-9b 所示情形,有 $k_2=0,k_3=\infty$,式(13-6)便可化简为式(13-3)。又如对于图 13-10a、b 的情形,分别将 $k_2=k_3=0$ 和 $k_2=0,k_1=\infty$ 代入式(13-6),展开整理后便分别得到式(13-4)和(13-5)。

例 13-2 试求图 13-11a 所示刚架的临界荷载。

解: 此为对称刚架承受对称荷载,故其失稳形式为正对称的(图 13-11b)或为反对称的(图 13-11c),现分别计算如下。

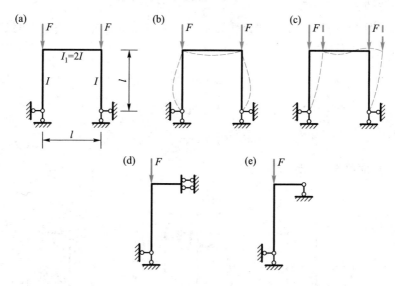

图 13-11

正对称失稳时,取半个结构计算(图 13-11d),立柱为下端铰支上端弹性固定的压杆,与图 13-9b 的情况相同,而弹性固定端的抗转刚度为

$$
k_1 = 2i_1 = 2\times\frac{2EI}{l}=\frac{4EI}{l}
$$

代入式(13-3)得稳定方程为

$$\tan nl = \frac{nl}{1 + \frac{(nl)^2}{4}}$$

用试算法解得其最小正根为 $nl = 3.83$,故临界荷载为

$$F_{cr} = n^2 EI = \frac{(3.83)^2 EI}{l^2} = \frac{14.67 EI}{l^2} \tag{a}$$

反对称失稳时,亦取半个结构(图13-11e)计算,压杆上端为弹性固定,上、下两端有相对侧移而无水平反力,故实际上与图13-10a的情况相同。弹性固定端的抗转刚度为

$$k_1 = 6i_1 = 6 \times \frac{2EI}{l} = \frac{12EI}{l}$$

代入式(13-4)得稳定方程为

$$nl \tan nl = 12$$

试算法求得最小正根为 $nl = 1.45$,故临界荷载为

$$F_{cr} = n^2 EI = \frac{(1.45)^2 EI}{l^2} = \frac{2.10 EI}{l^2} \tag{b}$$

比较(a)、(b)两式,可见反对称失稳的 F_{cr} 值较小,故实际的临界荷载应取式(b)。还应指出,本例实际上在计算之前即可判断出反对称失稳的临界荷载较小。因为正对称(图13-11d)时的 F_{cr} 值显然应大于两端铰支压杆的临界荷载 $\frac{\pi^2 EI}{l^2}$;而反对称(图13-11e,也即图13-10a)时的 F_{cr} 值则显然应小于一端固定另一端自由的压杆的临界荷载 $\frac{\pi^2 EI}{4l^2}$,故知结构必先以反对称形式失稳。

§13-4 用能量法确定临界荷载

用静力法确定临界荷载,情况较复杂时常遇到困难,例如当微分方程具有变系数而不能积分为有限形式,或者边界条件较复杂以致导出的稳定方程为高阶行列式,而不易展开和求解等。在这些情况下用能量法就较为简便。

用能量法确定临界荷载,就是以结构失稳时平衡的二重性为依据,应用以能量形式表示的平衡条件,寻求结构在新的形式下能维持平衡的荷载,其中最小者即为临界荷载。

势能驻值原理就是用能量形式表示的平衡条件,它可表述为:对于弹性结构,在满足支承条件及位移连续条件的一切虚位移中,同时又满足平衡条件的位移(因而就是真实的位移)使结构的势能 E_p 为驻值,也就是结构势能的一阶变分等于零,即

$$\delta E_{\mathrm{p}} = 0 \qquad\qquad (13-7)$$

这里,结构的势能(或称结构的总势能)E_{p} 等于结构的应变能 V_ε 与外力势能 V 之和:

$$E_{\mathrm{p}} = V_\varepsilon + V \qquad\qquad (13-8)$$

其中应变能 V_ε 可按材料力学有关公式计算,而外力势能定义为

$$V = -\sum_{i=1}^{n} F_i \Delta_i \qquad\qquad (13-9)$$

式中 F_i 是结构上的外力,Δ_i 是在虚位移中与外力 F_i 相应的位移。可见,外力势能等于外力所作虚功的负值。

对于有限自由度结构,所有可能的位移状态只用有限个独立参数 a_1, $a_2, \cdots, a_n$ 即可表示,结构的势能 E_{p} 可表示为只是这有限个独立参数的函数,因而应用势能驻值原理时,只需使用普通的微分计算即可求解。对于单自由度结构,势能 E_{p} 只是参数 a_1 的一元函数,当 a_1 有一任意微小增量 δa_1(称为位移的变分)时,势能的变分为

$$\delta E_{\mathrm{p}} = \frac{\mathrm{d} E_{\mathrm{p}}}{\mathrm{d} a_1} \delta a_1$$

当结构处于平衡时,应有 $\delta E_{\mathrm{p}} = 0$,而由于 δa_1 是任意的,故只有当

$$\frac{\mathrm{d} E_{\mathrm{p}}}{\mathrm{d} a_1} = 0 \qquad\qquad (13-10)$$

时,势能的变分 δE_{p} 才能等于零,即势能才能为驻值。由式(13-10)即可建立稳定方程以求解临界荷载。对于多自由度结构,则势能的变分为

$$\delta E_{\mathrm{p}} = \frac{\partial E_{\mathrm{p}}}{\partial a_1} \delta a_1 + \frac{\partial E_{\mathrm{p}}}{\partial a_2} \delta a_2 + \cdots + \frac{\partial E_{\mathrm{p}}}{\partial a_n} \delta a_n$$

由 $\delta E_{\mathrm{p}} = 0$ 及 $\delta a_1, \delta a_2, \cdots, \delta a_n$ 的任意性,就必须有

$$\left. \begin{aligned} \frac{\partial E_{\mathrm{p}}}{\partial a_1} &= 0 \\ \frac{\partial E_{\mathrm{p}}}{\partial a_2} &= 0 \\ &\vdots \\ \frac{\partial E_{\mathrm{p}}}{\partial a_n} &= 0 \end{aligned} \right\} \qquad\qquad (13-11)$$

由此可获得一组含 $a_1, a_2, \cdots, a_n$ 的齐次线性代数方程,要使 $a_1, a_2, \cdots, a_n$ 不全为零,则此方程组的系数行列式应等于零,据此即可建立稳定方程,从而确定临界荷载。

例 13-3 图 13-12a 所示压杆 EI 为无穷大,上端水平弹簧的刚度系数为

k,试确定其临界荷载。

解：此为单自由度结构,设失稳时发生微小的偏离如图 13-12b 所示,其上端的水平位移为 y_1,竖向位移为 Δ,则有

$$\Delta = l - \sqrt{l^2 - y_1^2} = l - l\left(1 - \frac{y_1^2}{l^2}\right)^{\frac{1}{2}} = l - l\left(1 - \frac{1}{2}\frac{y_1^2}{l^2} + \cdots\right) \approx \frac{y_1^2}{2l}$$

弹簧的应变能为

$$V_\varepsilon = \frac{1}{2}(ky_1)y_1 = \frac{1}{2}ky_1^2$$

外力势能为

$$V = -F\Delta = -\frac{F}{2l}y_1^2$$

于是,结构的势能为

$$E_p = V_\varepsilon + V = \frac{1}{2}ky_1^2 - \frac{F}{2l}y_1^2 = \frac{kl-F}{2l}y_1^2$$

若结构在偏离后的新位置能维持平衡,
则根据式(13-10)应有

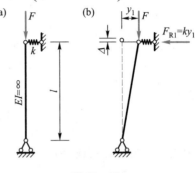

图 13-12

$$\frac{\mathrm{d}E_p}{\mathrm{d}y_1} = \frac{kl-F}{l}y_1 = 0$$

因为 y_1 不能为零(y_1 为零对应于原有平衡位置),故必须是

$$kl - F = 0$$

从而求得临界荷载为

$$F_{cr} = kl$$

例 13-4 用能量法求图 13-13a 所示结构的临界荷载。

解：结构具有两个自由度,设失稳时发生图 13-13b 所示位移,则应变能和外力势能分别为

$$V_\varepsilon = \frac{1}{2}ky_1^2 + \frac{1}{2}ky_2^2$$

$$V = -F\Delta = -F\left[\frac{y_2^2}{2l} + \frac{(y_2 - y_1)^2}{2l}\right]$$

结构的势能为

$$E_p = V_\varepsilon + V = \frac{1}{2}ky_1^2 + \frac{1}{2}ky_2^2 - F\left[\frac{y_2^2}{2l} + \frac{(y_2 - y_1)^2}{2l}\right]$$

$$= \frac{1}{2l}\left[(kl-F)y_1^2 + 2Fy_1y_2 + (kl-2F)y_2^2\right]$$

此时 E_p 是两个独立参数 y_1、y_2 的函数,结构处于平衡时,由式(13-11)有

$$\begin{cases} \dfrac{\partial E_{\mathrm{p}}}{\partial y_1} = \dfrac{1}{l}\big[\,(kl-F)\,y_1 + Fy_2\,\big] = 0 \\[3mm] \dfrac{\partial E_{\mathrm{p}}}{\partial y_2} = \dfrac{1}{l}\big[\,Fy_1 + (kl-2F)\,y_2\,\big] = 0 \end{cases}$$

而 y_1、y_2 不能全为零，故应有

$$\begin{vmatrix} (kl-F) & F \\ F & (kl-2F) \end{vmatrix} = 0$$

展开并整理得

$$F^2 - 3klF + k^2l^2 = 0$$

解方程得

$$F = \frac{3\pm\sqrt{5}}{2}kl = \begin{cases} 2.618kl \\ 0.382kl \end{cases}$$

其中最小值为临界荷载，即

$$F_{\mathrm{cr}} = 0.382kl$$

这与例 13 – 1 用静力法求得的结果是一样的。

　　现在来讨论无限自由度结构的情形。例如图 13 – 14 所示弹性压杆，失稳时发生了弯曲变形，其应变能为（略去轴向变形和剪切变形影响）

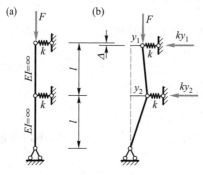

图 13 – 13

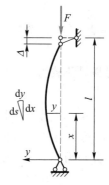

图 13 – 14

$$V_{\varepsilon} = \frac{1}{2}\int_0^l \frac{M^2}{EI}\mathrm{d}x \tag{13 – 12}$$

将 $M = EIy''$ 代入，有

$$V_{\varepsilon} = \frac{1}{2}\int_0^l EI(y'')^2 \mathrm{d}x \tag{13 – 13}$$

荷载作用点下降的距离 Δ，应等于杆长 l 与挠曲线在原来杆轴方向上的投影之差。挠曲线上任一微段 $\mathrm{d}s$ 与其投影 $\mathrm{d}x$ 之差为

$$\mathrm{d}s - \mathrm{d}x = \mathrm{d}x\sqrt{1+(y')^2} - \mathrm{d}x = \mathrm{d}x\big[\,(1+(y')^2)^{\frac{1}{2}} - 1\,\big]$$

$$= \mathrm{d}x \left[1 + \frac{1}{2}(y')^2 + \cdots - 1 \right] \approx \frac{1}{2}(y')^2 \mathrm{d}x$$

将此式在杆的全长 l 内积分,就有

$$\Delta = \frac{1}{2} \int_0^l (y')^2 \mathrm{d}x \qquad (13-14)$$

因而外力势能为

$$V = -F\Delta = -\frac{F}{2} \int_0^l (y')^2 \mathrm{d}x \qquad (13-15)$$

于是,结构的势能为

$$E_{\mathrm{p}} = V_{\varepsilon} + V = \frac{1}{2} \int_0^l EI(y'')^2 \mathrm{d}x - \frac{F}{2} \int_0^l (y')^2 \mathrm{d}x \qquad (13-16)$$

此时,挠曲线函数 y 是未知的,它可以看作是无限多个独立参数。结构的势能 E_{p} 是挠曲线函数 y 的函数,也即是一个泛函,而 $\delta E_{\mathrm{p}} = 0$ 则是求泛函极值的问题,即变分问题。因此,对于无限自由度结构,精确地应用势能驻值原理,需要用到变分计算,这是比较复杂的,而且只能先得到微分方程,然后再求解,而不是直接求得问题的解。所以,在实用上是将无限自由度近似简化为有限自由度来处理,即瑞利 – 里茨法。

瑞利 – 里茨法是假设挠曲线函数 y 为有限个已知函数的线性组合,其一般形式为

$$y = a_1 \varphi_1(x) + a_2 \varphi_2(x) + \cdots + a_n \varphi_n(x) = \sum_{i=1}^n a_i \varphi_i(x) \qquad (13-17)$$

式中 $\varphi_i(x)$ 是满足位移边界条件的已知函数,a_i 是任意参数。这样,结构的所有变形状态便由 n 个独立参数 $a_1, a_2, \cdots, a_n$ 所确定,原无限自由度结构就被简化为只有 n 个自由度,因而可按前面所述有限自由度的情况来确定其临界荷载。这样,所得到的临界荷载是一个近似解。

如果在式(13 – 17)中只取一项:

$$y = a_1 \varphi_1(x)$$

便是简化为单自由度来求解。解答的近似程度取决于所假设的挠曲线与真实挠曲线的接近程度。对于假设的挠曲线,要求它至少应满足位移边界条件。为使解答的误差不致过大,通常可取在某一横向荷载作用下的挠曲线作为失稳时的近似挠曲线。

挠曲线函数仅取一项,往往不能较好地接近于真实挠曲线。为了提高解答的准确程度,可取多项计算。一般取 2～3 项就可得到良好的结果。

应当指出,按这种方法所求得的临界荷载近似值,总是比精确解大。这是因为所假设的挠曲线与真实的曲线不相同,故相当于加入了某些约束,从而增大了压杆抵抗失稳的能力。

为了方便应用,表 13 - 2 列出了几种直杆的挠曲线函数形式。

表 13 - 2　满足位移边界条件的常用挠曲线函数

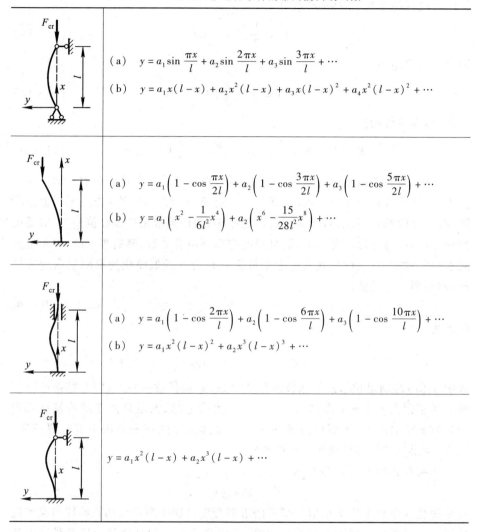

(a)　$y = a_1 \sin \dfrac{\pi x}{l} + a_2 \sin \dfrac{2\pi x}{l} + a_3 \sin \dfrac{3\pi x}{l} + \cdots$

(b)　$y = a_1 x(l - x) + a_2 x^2(l - x) + a_3 x(l - x)^2 + a_4 x^2(l - x)^2 + \cdots$

(a)　$y = a_1\left(1 - \cos \dfrac{\pi x}{2l}\right) + a_2\left(1 - \cos \dfrac{3\pi x}{2l}\right) + a_3\left(1 - \cos \dfrac{5\pi x}{2l}\right) + \cdots$

(b)　$y = a_1\left(x^2 - \dfrac{1}{6l^2}x^4\right) + a_2\left(x^6 - \dfrac{15}{28l^2}x^8\right) + \cdots$

(a)　$y = a_1\left(1 - \cos \dfrac{2\pi x}{l}\right) + a_2\left(1 - \cos \dfrac{6\pi x}{l}\right) + a_3\left(1 - \cos \dfrac{10\pi x}{l}\right) + \cdots$

(b)　$y = a_1 x^2(l - x)^2 + a_2 x^3(l - x)^3 + \cdots$

$y = a_1 x^2(l - x) + a_2 x^3(l - x) + \cdots$

例 13 - 5　试求图 13 - 15a 所示两端铰支等截面压杆的临界荷载。

解:假设挠曲线函数只取一项,即简化为单自由度结构来计算。

(1)设挠曲线为正弦曲线

$$y = a \sin \frac{\pi x}{l}$$

它显然满足压杆两端的位移边界条件。由式(13 - 13)和(13 - 15)可分别求得应变能和外力势能为

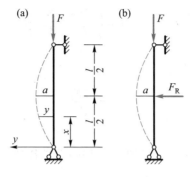

图 13-15

$$V_\varepsilon = \frac{1}{2}\int_0^l EI(y'')^2 dx = \frac{EI}{2}\int_0^l\left(-\frac{\pi^2 a}{l^2}\sin\frac{\pi x}{l}\right)^2 dx = \frac{\pi^4 EI}{4l^2}a^2$$

$$V = -\frac{F}{2}\int_0^l (y')^2 dx = -\frac{F}{2}\int_0^l\left(\frac{\pi a}{l}\cos\frac{\pi x}{l}\right)^2 dx = -\frac{\pi^2}{4l}Fa^2$$

因而结构的势能为

$$E_p = V_\varepsilon + V = \left(\frac{\pi^4 EI}{4l^3} - \frac{\pi^2}{4l}F\right)a^2$$

根据式(13-10)应有

$$\frac{dE_p}{da} = \left(\frac{\pi^4 EI}{2l^3} - \frac{\pi^2}{2l}F\right)a = 0$$

而 $a \neq 0$，故有

$$\frac{\pi^4 EI}{2l^3} - \frac{\pi^2}{2l}F = 0$$

得

$$F_{cr} = \frac{\pi^2 EI}{l^2}$$

这与静力法所得的精确解相同,这是因为所设挠曲线恰好就是真实挠曲线。一般这是很少见的情形。

(2)设挠曲线为抛物线

$$y = \frac{4a}{l^2}(lx - x^2)$$

它亦满足位移边界条件。此时有

$$V_\varepsilon = \frac{1}{2}\int_0^l EI(y'')^2 dx = \frac{EI}{2}\int_0^l\left(-\frac{8a}{l^2}\right)^2 dx = \frac{32EI}{l^3}a^2$$

$$V = -\frac{F}{2}\int_0^l (y')^2 dx = -\frac{F}{2}\int_0^l\left[\frac{4a}{l^2}(l-2x)\right]^2 dx = -\frac{8}{3l}Fa^2$$

$$E_{\mathrm{p}} = V_{\varepsilon} + V = \left(\frac{32EI}{l^3} - \frac{8}{3l}F \right) a^2$$

由 $\dfrac{\mathrm{d}E_{\mathrm{p}}}{\mathrm{d}a} = 0$ 及 $a \neq 0$ 可求得

$$F_{\mathrm{cr}} = \frac{12EI}{l^2}$$

可见,误差达 21.6%。

（3）以中点受横向荷载 F_{R}（图 13 – 15b）时的挠曲线

$$y = \frac{F_{\mathrm{R}}}{EI} \left(\frac{l^2 x}{16} - \frac{x^3}{12} \right) = a \left(\frac{3x}{l} - \frac{4x^3}{l^3} \right) \quad \left(0 \leqslant x \leqslant \frac{l}{2} \right)$$

作为近似曲线。此时有

$$V_{\varepsilon} = \frac{2}{2} \int_0^{\frac{l}{2}} EI(y'')^2 \mathrm{d}x = EI \int_0^{\frac{l}{2}} \left(-\frac{24x}{l^3}a \right)^2 \mathrm{d}x = \frac{24EI}{l^3}a^2$$

$$V = -\frac{F}{2} \times 2 \int_0^{\frac{l}{2}} (y')^2 \mathrm{d}x = -F \int_0^{\frac{l}{2}} \left[a \left(\frac{3}{l} - \frac{12x^2}{l^3} \right) \right]^2 \mathrm{d}x = -\frac{12}{5l} Fa^2$$

$$E_{\mathrm{p}} = \left(\frac{24EI}{l^3} - \frac{12}{5l}F \right) a^2$$

由 $\dfrac{\mathrm{d}E_{\mathrm{p}}}{\mathrm{d}a} = 0$ 及 $a \neq 0$ 可得

$$F_{\mathrm{cr}} = \frac{10EI}{l^2}$$

误差仅为 1.3%,可见选取横向荷载下的挠曲线有着良好的近似性。

例 13 – 6　试求图 13 – 8a 所示压杆的临界荷载。

解：由表 13 – 2,取级数的前两项（按两个自由度计算）：

$$y = a_1 x^2 (l - x) + a_2 x^3 (l - x)$$

将其求导并代入式（13 – 16）积分后可得

$$E_{\mathrm{p}} = \frac{EI}{2} \left(4l^3 a_1^2 + 8l^4 a_1 a_2 + \frac{24}{5} l^5 a_2^2 \right) - \frac{F}{2} \left(\frac{2}{15} l^5 a_1^2 + \frac{2}{10} l^6 a_1 a_2 + \frac{3}{35} l^7 a_2^2 \right)$$

由式（13 – 11）有

$$\frac{\partial E_{\mathrm{p}}}{\partial a_1} = 0, \qquad \frac{\partial E_{\mathrm{p}}}{\partial a_2} = 0$$

整理后得

$$\begin{cases} \left(4EI - \dfrac{2}{15} l^2 F \right) a_1 + \left(4EIl - \dfrac{1}{10} l^3 F \right) a_2 = 0 \\ \left(4EI - \dfrac{1}{10} l^2 F \right) a_1 + \left(\dfrac{24}{5} EIl - \dfrac{3}{35} l^3 F \right) a_2 = 0 \end{cases}$$

a_1、a_2 不全为零,故应有

$$\begin{vmatrix} 4EI - \dfrac{2}{15}l^2F & 4EIl - \dfrac{1}{10}l^3F \\ 4EI - \dfrac{1}{10}l^2F & \dfrac{24}{5}EIl - \dfrac{3}{35}l^3F \end{vmatrix} = 0$$

展开整理后得

$$F^2 - 128\frac{EI}{l^2}F + 2\,240\left(\frac{EI}{l^2}\right)^2 = 0$$

解此方程可得其最小根,即临界荷载为

$$F_{\mathrm{cr}} = \frac{20.92EI}{l^2}$$

与精确解 $\dfrac{20.19EI}{l^2}$ 比较,大 3.6%。

*例 13-7 试求图 13-16a 所示等截面竖直压杆在自重作用下的临界荷载。

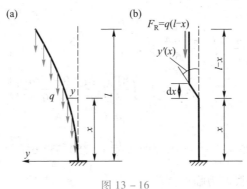

图 13-16

解:压杆承受的是均布荷载而不是集中荷载,故式(13-15)已不适用,而需另行计算外力势能。如图 13-16b 所示,当微段 ds 的转角为 $y'(x)$ 时,由此产生的微段以上部分的竖向位移为

$$\mathrm{d}s - \mathrm{d}x = \mathrm{d}x\,\sqrt{1 + (y')^2} - \mathrm{d}x \approx \frac{1}{2}(y')^2\mathrm{d}x$$

此时微段以上部分荷载 $F_\mathrm{R} = q(l-x)$ 在此位移上所作之功为

$$q(l-x)\frac{1}{2}(y')^2\mathrm{d}x$$

将其沿全杆积分即为所有荷载所作之功,而其负值即为外力势能,即

$$V = -\frac{q}{2}\int_0^l (l-x)(y')^2\mathrm{d}x \tag{13-18}$$

利用表 13-2 并取三角级数的前两项有

$$y = a_1 \left(1 - \cos \frac{\pi x}{2l} \right) + a_2 \left(1 - \cos \frac{3 \pi x}{2l} \right)$$

将其求导并代入式(13-13)及(13-18)积分可求得

$$V_\varepsilon = \frac{1}{2} \int_0^l EI(y'')^2 \mathrm{d}x = \left(\frac{\pi^4}{64} a_1^2 + \frac{81 \pi^4}{64} a_2^2 \right) \frac{EI}{l^3}$$

$$V = -\frac{q}{2} \int_0^l (l-x)(y')^2 \mathrm{d}x = \left(\frac{\pi^2-4}{32} a_1^2 + \frac{3}{4} a_1 a_2 + \frac{9\pi^2-4}{32} a_2^2 \right) q$$

代入式(13-8)并整理有

$$E_\mathrm{p} = \left(\frac{\pi^4}{64} \frac{EI}{l^3} - \frac{\pi^2-4}{32} q \right) a_1^2 - \frac{3}{4} q a_1 a_2 + \left(\frac{81\pi^4}{64} \frac{EI}{l^3} - \frac{9\pi^2-4}{32} q \right) a_2^2$$

由式(13-11)应有

$$\begin{cases} \dfrac{\partial E_\mathrm{p}}{\partial a_1} = \left(\dfrac{\pi^4}{32} \dfrac{EI}{l^3} - \dfrac{\pi^2-4}{16} q \right) a_1 - \dfrac{3}{4} q a_2 = 0 \\[3mm] \dfrac{\partial E_\mathrm{p}}{\partial a_2} = -\dfrac{3}{4} q a_1 + \left(\dfrac{81\pi^4}{32} \dfrac{EI}{l^3} - \dfrac{9\pi^2-4}{16} q \right) a_2 = 0 \end{cases}$$

a_1、a_2 不全为零,应有

$$\begin{vmatrix} \left(\dfrac{\pi^4}{32} \dfrac{EI}{l^3} - \dfrac{\pi^2-4}{16} q \right) & -\dfrac{3}{4} q \\[4mm] -\dfrac{3}{4} q & \left(\dfrac{81\pi^4}{32} \dfrac{EI}{l^3} - \dfrac{9\pi^2-4}{16} q \right) \end{vmatrix} = 0$$

展开整理得

$$1.382\,413\, q^2 - 106.591\,5\, \frac{EI}{l^3} q + 750.557\,6 \left(\frac{EI}{l^3} \right)^2 = 0$$

此二次方程的最小根即为临界荷载

$$q_\mathrm{cr} = \frac{106.591\,5 - 84.920\,1}{2 \times 1.382\,413} \frac{EI}{l^3} = \frac{7.838 EI}{l^3}$$

这与精确解$\dfrac{7.837 EI}{l^3}$ [①] 已十分接近,误差仅 0.01%。

能量法确定临界荷载的计算步骤:

(1)假定失稳形式;

(2)计算结构总势能,根据势能驻值原理建立位移为未知量的方程(或方程组);

(3)由位移非零解的条件,建立特征方程或稳定方程;

(4)解此特征方程,求特征根,即特征荷载;

---

① 铁摩辛柯 S P,盖莱 J M.弹性稳定理论,第 2 版,张福范译,科学出版社,1966.110 页。

（5）由最小的特征荷载确定临界荷载。

§13-5 变截面压杆的稳定

本节讨论工程中常见的两种变截面压杆：一种是阶形杆，另一种是截面的惯性矩按幂函数连续变化。

先讨论第一种情形。图 13-17a 所示为一阶形直杆，下端固定上端自由，上部刚度为 EI_1，下部为 EI_2。若以 y_1、y_2 分别表示压杆失稳时上、下两部分的挠度（图 13-17b），则两部分的平衡微分方程分别为

$$EI_1 y_1'' = F(\delta - y_1)$$
$$EI_2 y_2'' = F(\delta - y_2)$$

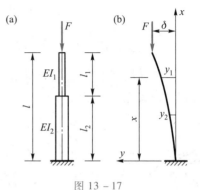

图 13-17

它们的通解分别为

$$y_1 = A_1 \cos n_1 x + B_1 \sin n_1 x + \delta$$
$$y_2 = A_2 \cos n_2 x + B_2 \sin n_2 x + \delta$$

式中

$$n_1 = \sqrt{\frac{F}{EI_1}}, \quad n_2 = \sqrt{\frac{F}{EI_2}}$$

以上通解中共有 A_1、B_1、A_2、B_2 和 δ 五个未知常数。已知边界条件为

（1）当 $x = 0$，$y_2 = 0$。

（2）当 $x = 0$，$y_2' = 0$。

（3）当 $x = l$，$y_1 = \delta$。

（4）当 $x = l_2$，$y_1 = y_2$。

（5）当 $x = l_2$，$y_1' = y_2'$。

由边界条件（1）、（2）可得 $A_2 = -\delta$，$B_2 = 0$，故 y_2 的表达式可改写为

$$y_2 = \delta(1 - \cos n_2 x)$$

将上式和前面 y_1 的表达式代入边界条件（3）、（4）、（5），可得如下齐次方程组：

$$\begin{cases} A_1 \cos n_1 l + B_1 \sin n_1 l = 0 \\ A_1 \cos n_1 l_2 + B_1 \sin n_1 l_2 + \delta \cos n_2 l_2 = 0 \\ A_1 n_1 \sin n_1 l_2 - B_1 n_1 \cos n_1 l_2 + \delta n_2 \sin n_2 l_2 = 0 \end{cases}$$

稳定方程为

$$\begin{vmatrix} \cos n_1 l & \sin n_1 l & 0 \\ \cos n_1 l_2 & \sin n_1 l_2 & \cos n_2 l_2 \\ \sin n_1 l_2 & -\cos n_1 l_2 & \dfrac{n_2}{n_1}\sin n_2 l_2 \end{vmatrix} = 0$$

展开并整理得

$$\tan n_1 l_1 \cdot \tan n_2 l_2 = \frac{n_1}{n_2} \tag{13-19}$$

上式只有给出比值$\dfrac{I_1}{I_2}$和$\dfrac{l_1}{l_2}$时才能求解。

对于在柱顶承受 F_1 而且在截面突变处承受 F_2 作用的情形，由类似的推导过程可得其稳定方程为

$$\tan n_1 l_1 \cdot \tan n_2 l_2 = \frac{n_1}{n_2} \cdot \frac{F_1 + F_2}{F_1} \tag{13-20}$$

式中

$$n_1 = \sqrt{\frac{F_1}{EI_1}}, \quad n_2 = \sqrt{\frac{F_1 + F_2}{EI_2}}$$

式(13－20)只有当比值$\dfrac{I_1}{I_2}$、$\dfrac{l_1}{l_2}$和$\dfrac{F_1}{F_2}$均给出时才能求解。

现在利用式(13－20)求解图 13－18 所示压杆的临界荷载。此时有

$$n_1 = \sqrt{\frac{F}{EI_1}}, \quad n_2 = \sqrt{\frac{F+5F}{EI_2}} = \sqrt{\frac{6F}{1.5EI_1}} = 2n_1$$

$$n_1 l_1 = \frac{2}{3} n_1 l, \quad n_2 l_2 = 2n_1 \frac{l}{3} = n_1 l_1$$

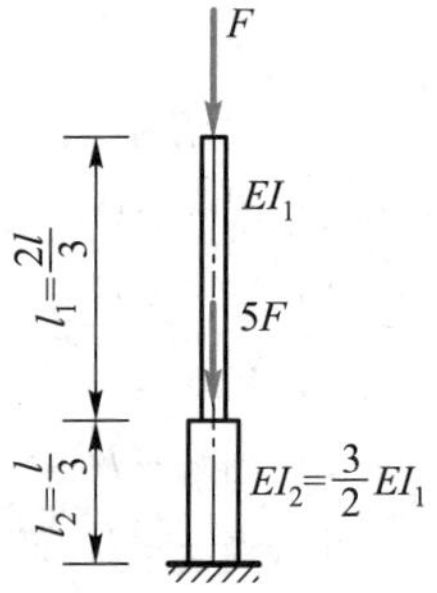

图 13－18

稳定方程(13－20)可成为

$$\tan^2 n_1 l_1 = 3$$

由此解得最小根为 $n_1 l_1 = \dfrac{\pi}{3}$，从而可得

$$F_{cr} = n_1^2 EI_1 = \frac{\pi^2 EI_1}{4l^2}$$

现在来讨论另一种情形，即压杆的截面惯性矩按幂函数变化(图 13－19a)，其任一截面的惯性矩①为

① 惯性矩即为截面二次矩。下同。

$$I_x = I_1 \left(\frac{x}{a} \right)^m \qquad (13-21)$$

式中 I_1 为柱顶截面惯性矩,a 与 x 是从相当于截面为零的 O 点处量出的距离,指数 m 为常数。若柱底截面惯性矩为 I_2,则由

$$I_2 = I_1 \left(\frac{a+l}{a} \right)^m$$

有

$$a = \frac{l}{e^{\frac{1}{m}\ln(I_2/I_1)} - 1} \qquad (13-22)$$

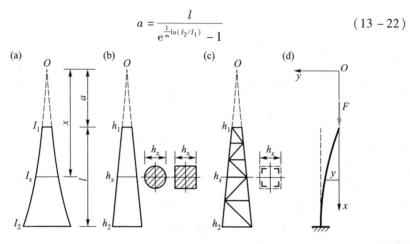

图 13 − 19

若已知比值 $\dfrac{I_2}{I_1}$ 及 m,则可由上式确定 a。

在式(13 − 21)中,对于不同的 m 值,将有不同形状的杆件。例如具有直线外形的圆形截面或正方形截面的实心压杆(图 13 − 19b)为 $m=4$;又如具有直线外形而由四个截面不变的角钢组成的组合压杆(图 13 − 19c),若略去角钢对本身形心轴的惯性矩,则其 $m=2$。在上述两种情况下式(13 − 22)均简化为

$$a = \frac{l}{\dfrac{h_2}{h_1} - 1} \qquad (13-23)$$

式中 h_1、h_2 分别为柱顶、柱底截面的高度。下面就 $m=2$ 和 $m=4$ 这两种很有实用价值的情况进行讨论。

对于图 13 − 19d 所示下端固定上端自由的压杆,当 $m=2$ 时,微分方程为

$$EI_1 \left(\frac{x}{a} \right)^2 y'' = -Fy$$

或

$$\frac{EI_1}{a^2}x^2y'' + Fy = 0 \tag{13-24}$$

这是变系数微分方程,令 $t = \ln x$,可变为常系数方程:

$$\frac{\mathrm{d}^2 y}{\mathrm{d}t^2} - \frac{\mathrm{d}y}{\mathrm{d}t} + \frac{Fa^2}{EI_1}y = 0 \tag{13-25}$$

再令

$$k = \sqrt{\frac{Fa^2}{EI_1} - \frac{1}{4}} \tag{13-26}$$

则式(13-25)的解可写为

$$y = A'\mathrm{e}^{\left(\frac{1}{2}+ik\right)t} + B'\mathrm{e}^{\left(\frac{1}{2}-ik\right)t}$$

将 $t = \ln x$ 代入上式便得式(13-24)的解:

$$y = \sqrt{x}\left[A\sin\left(k\ln\frac{x}{a}\right) + B\cos\left(k\ln\frac{x}{a}\right)\right]$$

边界条件为

(1) 当 $x = a, y = 0$。

(2) 当 $x = a + l, y' = 0$。

由条件(1)得 $B = 0$,再由条件(2)得稳定方程为

$$\tan(2k\ln\gamma) = 2k \tag{13-27}$$

式中

$$\gamma = \sqrt{\frac{a}{a+l}}$$

若 γ 已知,则可由式(13-27)用试算法解出 k 的最小根,进而由式(13-26)求得临界荷载 F_{cr}。

当 $m = 4$ 时,微分方程为

$$EI_1\left(\frac{x}{a}\right)^4 y'' + Fy = 0 \tag{13-28}$$

令

$$\eta^2 = \frac{Fa^4}{EI_1} \tag{13-29}$$

式(13-28)可写为

$$x^4 y'' + \eta^2 y = 0 \tag{13-30}$$

其解为

$$y = x\left(A\cos\frac{\eta}{x} + B\sin\frac{\eta}{x}\right)$$

边界条件为

(1) 当 $x = a, y = 0$。

（2）当 $x = a + l, y' = 0$。

据此可导出稳定方程为

$$\tan \frac{\eta}{a+l} = \frac{\dfrac{\eta}{a+l} + \tan \dfrac{\eta}{a}}{1 - \dfrac{\eta}{a+l} \tan \dfrac{\eta}{a}} \tag{13-31}$$

§13-6   剪力对临界荷载的影响

前面确定压杆的临界荷载时只考虑了弯矩对变形的影响。若还要计入剪力对临界荷载的影响,则在建立挠曲线微分方程时,就应同时考虑弯矩和剪力对变形的影响。

设用 y_M 和 y_S 分别表示由于弯矩和剪力影响所产生的挠度,则两者共同影响所产生的挠度为

$$y = y_M + y_S$$

对 x 求二阶导数,可得表示曲率的近似公式

$$\frac{d^2 y}{dx^2} = \frac{d^2 y_M}{dx^2} + \frac{d^2 y_S}{dx^2} \tag{a}$$

由于弯矩引起的曲率为

$$\frac{d^2 y_M}{dx^2} = \frac{M}{EI} \tag{b}$$

为了计算由于剪力引起的附加曲率 $\dfrac{d^2 y_S}{dx^2}$,先来求由于剪力所引起的杆轴切线的附加转角 $\dfrac{dy_S}{dx}$（图 13-20a）。由图 13-20b 可知,这个附加转角在数值上等于剪切角 γ,而从第六章可知

$$\gamma = k \frac{F_S}{GA}$$

上式中 k 为切应力沿截面分布不均匀而引用的改正系数。注意到图 13-20a 的坐标方向及 F_S 的正向,将有

$$\frac{dy_S}{dx} = -k \frac{F_S}{GA} = -\frac{k}{GA} \frac{dM}{dx}$$

从而有

$$\frac{d^2 y_S}{dx^2} = -\frac{k}{GA} \frac{d^2 M}{dx^2} \tag{c}$$

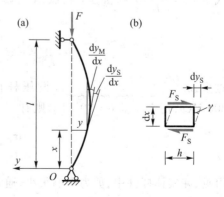

图 13-20

将式(b)、(c)代入(a),则得同时考虑弯矩和剪力影响的挠曲线微分方程:

$$\frac{\mathrm{d}^2 y}{\mathrm{d}x^2} = \frac{M}{EI} - \frac{k}{GA}\frac{\mathrm{d}^2 M}{\mathrm{d}x^2} \qquad (13-32)$$

对于图 13 – 20a 所示两端铰支的等截面杆,有

$$M = -Fy$$
$$M'' = -Fy''$$

代入式(13 – 32)得

$$y'' = -\frac{Fy}{EI} + \frac{kF}{GA}y''$$

或

$$EI\left(1 - \frac{kF}{GA}\right)y'' + Fy = 0$$

令

$$m^2 = \frac{F}{EI\left(1 - \frac{kF}{GA}\right)} \qquad (13-33)$$

则上述微分方程的通解为

$$y = A\cos mx + B\sin mx$$

由边界条件 $x = 0, y = 0$ 和 $x = l, y = 0$ 可导出稳定方程为

$$\sin ml = 0$$

其最小正根为 $ml = \pi$,故由式(13 – 33)可得

$$F_{cr} = \frac{1}{1 + \frac{k}{GA}\frac{\pi^2 EI}{l^2}}\frac{\pi^2 EI}{l^2} = \alpha F_E \qquad (13-34)$$

式中 $F_E = \dfrac{\pi^2 EI}{l^2}$ 为欧拉临界荷载,α 为修正系数,又可写为

$$\alpha = \frac{1}{1 + \frac{k}{GA}\frac{\pi^2 EI}{l^2}} = \frac{1}{1 + \frac{kF_E}{GA}} = \frac{1}{1 + \frac{k\sigma_E}{G}} \qquad (13-35)$$

这里,σ_E 为欧拉临界应力。设压杆由钢材制成,取 σ_E 为比例极限 $\sigma_p = 200\ \mathrm{MPa}$,切变模量 $G = 80\ \mathrm{GPa}$,则有

$$\frac{\sigma_E}{G} = \frac{1}{400}$$

可见,在实体杆件中,剪力影响很小,通常可略去。

§13-7　组合压杆的稳定

组合压杆通常由两个型钢用若干联结件相联组成,联结件的形式有缀条式和缀板式两种(图13-21a、b)。组合压杆的临界荷载比截面和柔度相同的实体压杆的临界荷载小,其原因是在组合压杆中剪力影响较大。当组合压杆的节间数目较多时,其临界荷载可用实体压杆的公式(13-34)进行近似计算,而对式中的 $\dfrac{k}{GA}$ 需另行处理,以反映联结件的影响。从前述剪切角公式可知,$\dfrac{k}{GA}$ 是代表在单位剪力作用下的剪切角 $\bar{\gamma}$,故只要求出组合压杆在单位剪力作用下的剪切角 $\bar{\gamma}$,将它代替式中的 $\dfrac{k}{GA}$ 即可。下面分别就缀条式和缀板式两种情况进行讨论,导出临界荷载及其他实用上的有关公式。

1. 缀条式组合压杆

缀条通常采用单根角钢,与主要杆件即两个型钢相比,其截面较小,故其两端可视为铰结。现取出一个节间来考虑(图13-22),在单位剪力 $\bar{F}_S = 1$ 作用下的剪切角为

$$\bar{\gamma} \approx \tan\bar{\gamma} = \frac{\delta_{11}}{d}$$

位移 δ_{11} 按下式计算:

$$\delta_{11} = \sum \frac{\bar{F}_{N1}^2}{EA} l$$

由于主要杆件的截面比缀条的大得多,故在上式中可只考虑缀条的影响。缀条的横杆 $\bar{F}_{N1} = -1$,杆长 $b = \dfrac{d}{\tan\alpha}$,截面积为 A_1;斜杆 $\bar{F}_N = \dfrac{1}{\cos\alpha}$,杆长为 $\dfrac{d}{\sin\alpha}$,截面积为 A_2,于是有

$$\delta_{11} = \frac{d}{E}\left(\frac{1}{A_2 \sin\alpha \cos^2\alpha} + \frac{1}{A_1 \tan\alpha}\right)$$

因而

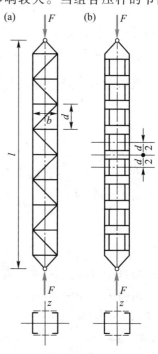

图 13-21

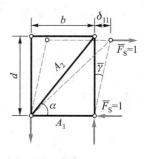

图 13-22

$$\overline{\gamma} = \frac{1}{E}\left(\frac{1}{A_2 \sin \alpha \, \cos^2 \alpha} + \frac{1}{A_1 \tan \alpha} \right)$$

将上式的 $\overline{\gamma}$ 代替式(13-34)中的 $\dfrac{k}{GA}$,即得

$$F_{cr} = \frac{F_E}{1 + \dfrac{F_E}{E}\left(\dfrac{1}{A_2 \sin \alpha \, \cos^2 \alpha} + \dfrac{1}{A_1 \tan \alpha} \right)} = \alpha_1 F_E \qquad (13-36)$$

式中计算欧拉临界荷载 F_E 所用的惯性矩 I,为两根主要杆件的截面对整个截面的形心轴 z 的惯性矩。如用 A' 表示一根主要杆件的截面积,I' 表示一根主要杆件的截面对其本身形心轴的惯性矩,并近似认为其形心轴到 z 轴的距离为 $\dfrac{b}{2}$,则有

$$I \approx 2I' + \frac{1}{2}A'b^2$$

由式(13-36)可知,斜杆比横杆对临界荷载的影响更大。例如当二者 EA 相同而 $\alpha = 45°$ 时,有

$$\alpha_1 = \frac{1}{1 + \dfrac{F_E}{EA}(2.83 + 1)}$$

上式分母括号中,第一项代表斜杆的影响,第二项代表横杆的影响。

若略去横杆影响,并考虑到在一般情况下型钢翼缘两侧平面内都设有缀条,则式(13-36)变成

$$F_{cr} = \frac{F_E}{1 + \dfrac{F_E}{E}\dfrac{1}{2A_2 \sin \alpha \, \cos^2 \alpha}} \qquad (13-37)$$

式中 A_2 为一根斜杆的截面积。

如果在上式中引入长度系数 μ,以便将临界荷载写成欧拉问题的基本形式:

$$F_{cr} = \frac{\pi^2 EI}{(\mu l)^2}$$

则其中 μ 应为

$$\mu = \sqrt{1 + \frac{\pi^2 I}{l^2}\frac{1}{2A_2 \sin \alpha \, \cos^2 \alpha}} \qquad (13-38)$$

若用 i 代表两主要杆件的截面对整个截面形心轴 z 的回转半径,即

$$I = 2A'i^2$$

此外,一般 α 为 $30° \sim 60°$,故可取 $\dfrac{\pi^2}{\sin \alpha \, \cos^2 \alpha} \approx 27$,将它代入式(13-38),并引

入长细比 $\bar{\lambda} = \dfrac{l}{i}$，可得

$$\mu = \sqrt{1 + \frac{27A'}{A_2\bar{\lambda}^2}} \qquad (13-39)$$

如果采用<u>计算长细比</u> λ，则有

$$\lambda = \frac{\mu l}{i} = \mu\bar{\lambda} = \sqrt{\bar{\lambda}^2 + 27\frac{A'}{A_2}} \qquad (13-40)$$

这就是钢结构规范中通常推荐的缀条式组合压杆换算长细比的公式。

2. 缀板式组合压杆

组合压杆采用缀板联结时，没有斜杆，缀板与主要杆件的联结应视作刚结。在确定 $\bar{\gamma}$ 时，可把组合杆件当作单跨多层刚架，并近似认为主要杆件的反弯点在节间中点，且剪力是平均分配于两主要杆件。于是，可取如图13-23a所示部分来计算。根据图13-23b所示弯矩图，由图乘法可得

$$\delta_{11} = \sum\int\frac{\overline{M_1^2}\mathrm{d}s}{EI} = \frac{d^3}{24EI'} + \frac{bd^2}{12EI''}$$

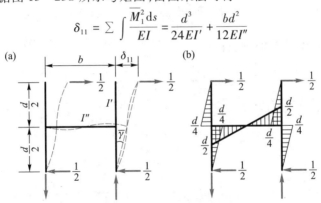

图 13-23

因此剪切角为

$$\bar{\gamma} = \frac{\delta_{11}}{d} = \frac{d^2}{24EI'} + \frac{bd}{12EI''}$$

用上式代替式(13-34)中的 $\dfrac{k}{GA}$ 即得

$$F_{\mathrm{cr}} = \frac{F_{\mathrm{E}}}{1 + \left(\dfrac{d^2}{24EI'} + \dfrac{bd}{12EI''}\right)F_{\mathrm{E}}} = \alpha_2 F_{\mathrm{E}} \qquad (13-41)$$

由上式可知，修正系数 α_2 将随节间长度 d 的增加而减小。

在一般情况下，缀板的刚度要比主要杆件的刚度大得多，可近似取 $EI'' = \infty$，于是式(13-41)可写成

$$F_{\mathrm{cr}} = \frac{F_{\mathrm{E}}}{1 + F_{\mathrm{E}}\dfrac{d^2}{24EI'}} = \frac{F_{\mathrm{E}}}{1 + \dfrac{\pi^2 d^2 I}{24 l^2 I'}} \tag{13-42}$$

如前所述,这里 $I = 2I' + \dfrac{1}{2}A'b^2$,为整个组合杆件的截面惯性矩。

将以下惯性矩、长细比(整个组合杆件的长细比用 $\overline{\lambda}$ 表示,一根主要杆件在一个节间内的长细比用 λ' 表示)与回转半径的关系式

$$I = 2A'i^2, \quad I' = A'i'^2$$

和

$$\overline{\lambda} = \frac{l}{i}, \quad \lambda' = \frac{d}{i'}$$

代入式(13-42)即得

$$F_{\mathrm{cr}} = \frac{F_{\mathrm{E}}}{1 + \dfrac{\pi^2 2 d^2 i^2 A'}{24 l^2 i'^2 A'}} = \frac{F_{\mathrm{E}}}{1 + 0.83\dfrac{\lambda'^2}{\overline{\lambda}^2}}$$

若近似地以 1 代替 0.83,则有

$$F_{\mathrm{cr}} = \frac{\overline{\lambda}^2}{\overline{\lambda}^2 + \lambda'^2} F_{\mathrm{E}} \tag{13-43}$$

相应的长度系数可写成

$$\mu = \sqrt{\frac{\overline{\lambda}^2 + \lambda'^2}{\overline{\lambda}^2}}$$

而计算长细比为

$$\lambda = \frac{\mu l}{i} = \mu\overline{\lambda} = \sqrt{\overline{\lambda}^2 + \lambda'^2} \tag{13-44}$$

这就是规范中用以确定缀板式组合压杆长细比的公式。

*§13-8   弹性介质上压杆的稳定

工程中有一些支承于连续弹性介质上的压杆,例如埋于土中支承桥墩压力的细长桩。这种压杆由于失稳而发生弯曲时,弹性介质将对它产生分布反力(图13-24)。计算时,常采用文克勒假定,认为分布反力的集度 q 与挠度 y 成正比,即

$$q = ky$$

式中比例系数 k 称为基床系数。

确定弹性介质上压杆的临界荷载,用能量法较方便。对于两端铰支的压杆,其挠曲线可设为正弦曲线:

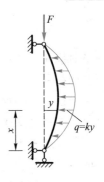

$$y = a\sin\frac{m\pi x}{l}$$

据此,可算出压杆弯曲时的应变能为

$$V_{\varepsilon 1} = \frac{EI}{2}\int_0^l (y'')^2 \mathrm{d}x = \frac{\pi^4 EI}{4l^3}a^2 m^4$$

弹性介质的应变能为

$$V_{\varepsilon 2} = \int_0^l \frac{1}{2}(ky\mathrm{d}x)y = \frac{k}{2}\int_0^l y^2 \mathrm{d}x = \frac{kl}{4}a^2$$

荷载势能为

$$V = -\frac{F}{2}\int_0^l (y')^2 \mathrm{d}x = -\frac{\pi^2 F}{4l}a^2 m^2$$

图 13−24

因 $E_\mathrm{p} = V_{\varepsilon 1} + V_{\varepsilon 2} + V$,并根据式(13−10)即 $\dfrac{\mathrm{d}E_\mathrm{p}}{\mathrm{d}a} = 0$ 有

$$\left(\frac{\pi^4 EI}{2l^3}m^4 + \frac{kl}{2} - \frac{\pi^2 F}{2l}m^2\right)a = 0$$

因 a 不能为零,故有

$$F = \frac{\pi^2 EI}{l^2}\left(m^2 + \frac{kl^4}{m^2 \pi^4 EI}\right) \tag{13−45}$$

　　由上式可知,特征荷载 F 除与杆件本身的刚度 EI 和长度 l 有关外,还取决于介质的基床系数 k 和挠曲线的半波数 m。半波数 m 应当根据下述条件来确定。

　　(1) 它必须是大于零的整数,因为不是整数便不能满足两端铰支的边界条件。

　　(2) 它应使 F 值为最小。

　　对于给定的压杆和弹性介质,EI、l、k 均为已知的常数,由式(13−45)可知,F 随 m 而变化,其关系曲线如图 13−25 所示。由极值条件 $\dfrac{\mathrm{d}F}{\mathrm{d}m} = 0$ 将有

$$m = \frac{l}{\pi}\sqrt[4]{\frac{k}{EI}} \tag{13−46}$$

此时,F 虽为极小,但实际上常常是不能实现的,因为此时 m 不一定恰好是整数。因此,应该取按式(13−46)算出的 m 值的邻近整数 m_i 和 $m_i + 1$(例如算得 $m = 3.45$,则取 3 和 4),代入式(13−45)求 F,并取其较小者为临界荷载 F_{cr}。

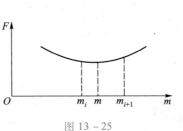

图 13−25

可以看出，$\dfrac{k}{EI}$ 愈大，m 便愈大，即介质的刚度相对于杆件的刚度愈大时，压杆失稳时挠曲线的半波数便愈多。当 $k = 0$ 时应取 $m = 1$，这与无介质的两端铰支压杆的结果相符。

上述确定支承于连续弹性介质上压杆的临界荷载的方法，对于支承在若干个离散的弹性支座上的压杆也可近似应用，只要当压杆失稳时每个半波范围内的弹性支座不少于三个，就不致产生显著的误差。下面讨论半穿式桁架桥上弦杆的稳定问题。

半穿式桁架桥的顶部水平面内没有设置上平纵联，其上弦杆在各结点处受到斜杆传来的压力 $D_i \cos \alpha$（图 13 – 26a），这些压力是由跨中向两端逐渐增大的。上弦杆失稳时将离开其原所属桁架平面而发生侧向弯曲，这种侧向弯曲将受到起横向联结系作用的刚架的抵抗（图 13 – 26b），因此可将上弦杆看作在各结点处具有弹性支座，在两端处由于横向联结系刚度很大，可视为刚性铰支座。于是，得到图 13 – 26c 所示的计算简图。

若把上弦杆看作是支承于连续弹性介质上的压杆，则介质的基床系数可表示为

$$k = \frac{F_{R0}}{d}$$

式中 d 为节间长度；F_{R0} 代表结点侧向位移为 1 时弹性支座的反力，它可由 $F_{R0} = \dfrac{1}{\delta}$ 求得，δ 则为单位力作用于图 13 – 26b 的刚架上时引起的位移。显然，将图 13 – 26d 的单位弯矩图自乘即等于 2δ，故可得

$$\delta = \frac{h^3}{3EI_1} + \frac{h^2 b}{2EI_2}$$

式中 I_1、h 为竖杆的惯性矩和长度，I_2、b 为横梁的惯性矩和长度。于是有

$$F_{R0} = \frac{1}{\dfrac{h^3}{3EI_1} + \dfrac{h^2 b}{2EI_2}}$$

作用在各结点处的集中力 $D_i \cos \alpha$，可近似地用三角形分布荷载代替，其集度在两端为 q_0，在跨中为零，而在任一点 x 处为（图 13 – 26e）

$$q_x = \frac{q_0}{l}(l - 2x)$$

仍用能量法计算这一问题，当压杆失稳发生弯曲时，压杆的应变能和介质的应变能分别为

$$V_{\varepsilon 1} = \frac{EI}{2} \int_0^l (y'')^2 \, \mathrm{d}x$$

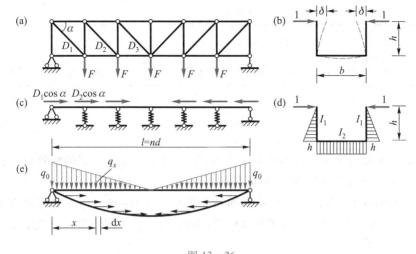

图 13 – 26

$$V_{\varepsilon 2} = \frac{k}{2}\int_0^l y^2 \mathrm{d}x$$

现在研究外力势能 V 的计算。考虑在 x 处的一微段 $\mathrm{d}s$ 倾斜时引起的位移为

$$\mathrm{d}s - \mathrm{d}x = \frac{1}{2}(y')^2 \mathrm{d}x (\text{图 13} - 26\mathrm{e}),$$ 而使该微段以右的$(l-x)$长度上的外力所作之功为

$$-\frac{1}{2}(y')^2 \mathrm{d}x \int_x^l \frac{q_0}{l}(l-2x)\mathrm{d}x = \frac{q_0}{2l}x(l-x)(y')^2\mathrm{d}x$$

将上式沿杆长积分即为外力所作总功,而其负值即为外力势能:

$$V = -\frac{q_0}{2l}\int_0^l x(l-x)(y')^2\mathrm{d}x$$

结构的势能为

$$E_\mathrm{P} = V_{\varepsilon 1} + V_{\varepsilon 2} + V = \frac{EI}{2}\int_0^l (y'')^2\mathrm{d}x + \frac{k}{2}\int_0^l y^2\mathrm{d}x - \frac{q_0}{2l}\int_0^l x(l-x)(y')^2\mathrm{d}x$$

$$(13 - 47)$$

铁摩辛柯采用三角级数表达挠曲线:

$$y = \sum a_i \sin\frac{i\pi x}{l}$$

求得了临界压力的近似值,并为了便于实用,将临界压力的公式写为

$$\left(\frac{q_0 l}{4}\right)_{\mathrm{cr}} = \frac{\pi^2 EI}{(\mu l)^2} \qquad (13 - 48)$$

式中长度系数 μ 与比值$\dfrac{k l^4}{EI}$有关,见表 13 – 3。

表 13 – 3 半穿式桁架桥上弦杆的长度系数 μ

$\dfrac{kl^4}{16EI}$	0	5	10	15	22.8	56.5	100	162.8	200	300	500	1 000
μ	0.696	0.524	0.443	0.396	0.363	0.324	0.290	0.259	0.246	0.225	0.204	0.174

*§ 13 – 9   圆环及拱的稳定

均布水压力作用下的圆环和圆弧拱,竖向均布荷载作用下的抛物线拱及填土荷载作用下的悬链线拱等,当荷载较小时,都处于中心受压状态(对于超静定拱略去轴向变形影响)。当荷载达到临界值时,则圆环和拱将失稳而偏离原轴线位置,并同时产生弯矩(参看图 13 – 2a、b)。本节主要讨论用静力法求圆环及圆拱的临界荷载。

现在首先来建立圆弧形曲杆的弯曲平衡微分方程。

在半径为 R 的等截面圆弧曲杆上取出长为 ds 的微段 AB,设失稳后其位置为 $A'B'$,如图 13 – 27a 所示,则其曲率的改变与弯矩之间的关系如下:

$$\frac{1}{R + \Delta R} - \frac{1}{R} = -\frac{M}{EI} \tag{13 – 49}$$

这里,弯矩 M 以使曲率减小为正。上式亦可写为

$$\frac{d\theta + \Delta d\theta}{ds} - \frac{d\theta}{ds} = -\frac{M}{EI}$$

即

$$\frac{\Delta d\theta}{ds} = -\frac{M}{EI} \tag{13 – 50}$$

显然,$\Delta d\theta$ 即为微段变形后 A、B 两截面的相对转角。设 A、B 两点的环向位移分别为 u 和 $u + du$,径向位移分别为 w 和 $w + dw$(图 13 – 27b),则当仅发生环向位移时(图 13 – 27c),两截面相对转角为

$$\Delta d\theta_1 = \frac{u + du}{R} - \frac{u}{R} = \frac{du}{R}$$

当仅发生径向位移时(图 13 – 27d),两截面相对转角为

$$\Delta d\theta_2 = \frac{dw}{ds} + \frac{d}{ds}\left(\frac{dw}{ds}\right)ds - \frac{dw}{ds} = \frac{d^2 w}{ds^2}ds$$

故有

$$\Delta d\theta = \Delta d\theta_1 + \Delta d\theta_2 = \frac{du}{R} + \frac{d^2 w}{ds^2}ds$$

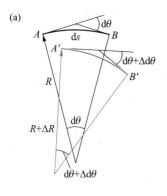
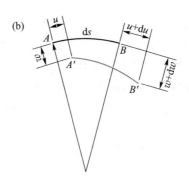

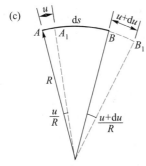
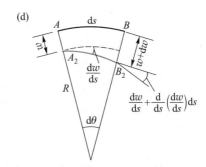

图 13 – 27

将上式代入式(13 – 50)则得

$$\frac{1}{R}\frac{\mathrm{d}u}{\mathrm{d}s} + \frac{\mathrm{d}^2 w}{\mathrm{d}s^2} = -\frac{M}{EI} \qquad (13-51)$$

由于假设轴向变形忽略不计,因而位移 u 和 w 将不能彼此独立,故在上式中还可消去其中一个。由于环向位移引起的微段伸长即为 $\mathrm{d}u$;由于径向位移引起的微段缩短为 $R\mathrm{d}\theta - (R-w)\mathrm{d}\theta = w\mathrm{d}\theta$,于是根据微段长度不变应有

$$\mathrm{d}u - w\mathrm{d}\theta = 0$$

得

$$\frac{\mathrm{d}u}{\mathrm{d}\theta} = w \qquad (13-52)$$

将其代入式(13 – 51)有

$$\frac{w}{R^2} + \frac{\mathrm{d}^2 w}{\mathrm{d}s^2} = -\frac{M}{EI}$$

或

$$\frac{\mathrm{d}^2 w}{\mathrm{d}\theta^2} + w = -\frac{R^2}{EI}M \qquad (13-53)$$

上式是用位移 w 和弯矩 M 表达的平衡微分方程,对于各种具体情况将 M 的表

达式写出后便可代入上式求解。但对于曲杆,写出 M 的方程有时并不方便。为此,可采取另一作法,即利用平衡条件寻求弯矩 M 与荷载 q 之间的关系,从而设法消去 M 而建立用位移 w 和荷载 q 表达的平衡微分方程。

圆形曲杆承受均布径向荷载 q 时,失稳前只承受轴力而弯矩和剪力均为零,取出长为 $\mathrm{d}s$ 的微段如图 13 – 28a 所示,由平衡条件可知轴力为

$$F_{\mathrm{N0}} = qR \tag{a}$$

失稳后微段的受力如图 13 – 28b 所示,其轴力为

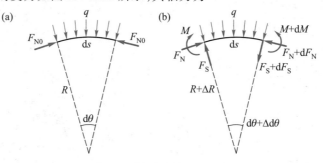

图 13 – 28

$$F_{\mathrm{N}} = F_{\mathrm{N0}} + \Delta F_{\mathrm{N}} \tag{b}$$

同时还产生了弯矩和剪力,列出图示隔离体的三个平衡方程并略去高阶微量后,不难得出如下的微分关系:

$$\left.\begin{aligned}
\frac{\mathrm{d}F_{\mathrm{N}}}{\mathrm{d}s} &= -\frac{F_{\mathrm{S}}}{R + \Delta R} \\
\frac{\mathrm{d}F_{\mathrm{S}}}{\mathrm{d}s} &= \frac{F_{\mathrm{N}}}{R + \Delta R} - q \\
\frac{\mathrm{d}M}{\mathrm{d}s} &= F_{\mathrm{S}}
\end{aligned}\right\} \tag{c}$$

将式(a)、(b)及 $\mathrm{d}s = R\mathrm{d}\theta$ 代入上式则有

$$\left.\begin{aligned}
\frac{\mathrm{d}(\Delta F_{\mathrm{N}})}{\mathrm{d}\theta} &= -\frac{RF_{\mathrm{S}}}{R + \Delta R} \approx -F_{\mathrm{S}} \\
\frac{\mathrm{d}F_{\mathrm{S}}}{\mathrm{d}\theta} &= \frac{R(\Delta F_{\mathrm{N}} - q\Delta R)}{R + \Delta R} \approx \Delta F_{\mathrm{N}} - q\Delta R \\
\frac{\mathrm{d}M}{\mathrm{d}\theta} &= RF_{\mathrm{S}}
\end{aligned}\right\} \tag{d}$$

为了消去 ΔF_{N} 和 F_{S},可将上式的第二式写成

$$\Delta F_{\mathrm{N}} = \frac{\mathrm{d}F_{\mathrm{S}}}{\mathrm{d}\theta} + q\Delta R$$

并将其代入第一式得

$$\frac{\mathrm{d}^2 F_s}{\mathrm{d}\theta^2} + q \frac{\mathrm{d}(\Delta R)}{\mathrm{d}\theta} = -F_s$$

再将第三式代入则有

$$\frac{\mathrm{d}^3 M}{\mathrm{d}\theta^3} + \frac{\mathrm{d}M}{\mathrm{d}\theta} + Rq \frac{\mathrm{d}(\Delta R)}{\mathrm{d}\theta} = 0 \qquad (\mathrm{e})$$

又由式(13 −49)可知

$$\Delta R = \frac{R(R + \Delta R)M}{EI} \approx \frac{R^2 M}{EI}$$

将其代入式(e)得

$$\frac{\mathrm{d}^3 M}{\mathrm{d}\theta^3} + \left(1 + \frac{qR^3}{EI}\right)\frac{\mathrm{d}M}{\mathrm{d}\theta} = 0 \qquad (13 −54)$$

这就是所求的弯矩与荷载之间的微分关系。

将式(13 −53)代入式(13 −54)可得

$$\frac{\mathrm{d}^5 w}{\mathrm{d}\theta^5} + \frac{\mathrm{d}^3 w}{\mathrm{d}\theta^3} + \left(1 + \frac{qR^3}{EI}\right)\left(\frac{\mathrm{d}^3 w}{\mathrm{d}\theta^3} + \frac{\mathrm{d}w}{\mathrm{d}\theta}\right) = 0 \qquad (13 −55)$$

上式即为以位移 w 和荷载 q 表达的圆形曲杆的弯曲平衡微分方程。令

$$n^2 = 1 + \frac{qR^3}{EI} \qquad (13 −56)$$

则式(13 −55)的一般解可表示为

$$w = A_1 + A_2 \sin\theta + A_3 \cos\theta + A_4 \sin n\theta + A_5 \cos n\theta \qquad (13 −57)$$

并由式(13 −52)和(13 −53)有

$$u = A_0 + A_1\theta - A_2\cos\theta + A_3\sin\theta - \frac{A_4}{n}\cos n\theta + \frac{A_5}{n}\sin n\theta \qquad (13 −58)$$

$$M = -\frac{EI}{R^2}[A_1 + A_4(1 - n^2)\sin n\theta + A_5(1 - n^2)\cos n\theta] \qquad (13 −59)$$

对于各种具体问题,可根据边界条件写出包含积分常数 $A_0 \sim A_5$ 的齐次代数方程,要 $A_0 \sim A_5$ 不全为零,则应有其系数行列式 $D = 0$,据此便可组成稳定方程从而求解临界荷载。下面以圆环和两铰圆拱为例来具体说明。

圆环承受均布水压力时的失稳情况如图 13 −29 所示。此时,虽无支座,但显然其解答应是以 2π 为周期的函数,$w(0)$ 与 $w(2\pi)$ 实际上代表同一点的位移,故应有

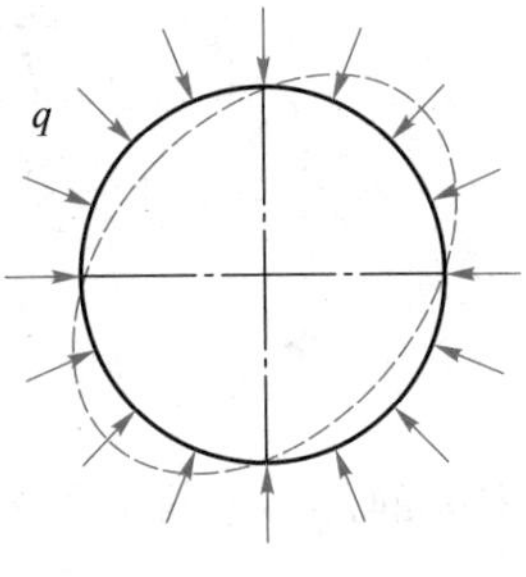

$$w(0) = w(2\pi)$$

图 13 −29

将式(13 −57)代入上式有

$$A_1 + A_3 + A_5 = A_1 + A_3 + A_4 \sin 2\pi n + A_5 \cos 2\pi n$$

即

$$A_5 = A_4 \sin 2\pi n + A_5 \cos 2\pi n$$

当 $A_4 = A_5 = 0$ 时,上式满足。但由式(13-57)可知,此时位移 w 将与 n 无关,也即并不取决于荷载 q 的大小,这与题意要求不符。而要 A_4、A_5 不全为零,就必须是

$$\sin 2\pi n = 0$$

和

$$\cos 2\pi n = 1$$

上两式的解均为 $n = 0, 1, 2, \cdots$,而由式(13-56)可知

$$q = (n^2 - 1)\frac{EI}{R^3}$$

可见,应取 $n = 2$,而得 q 的最小正值即临界荷载为

$$q_{cr} = \frac{3EI}{R^3} \qquad (13-60)$$

两铰圆拱的失稳形式有反对称和对称两种,分别如图 13-30a、b 所示。反对称失稳时,w 和 M 均应为 θ 的奇函数,故根据式(13-59)有

$$M = -\frac{EI}{R^2}A_4(1 - n^2)\sin n\theta$$

由边界条件 $\theta = \alpha$ 时 $M = 0$,可得

$$\sin n\alpha = 0$$

由此得 $n\alpha = k\pi (k = 0, 1, 2, \cdots)$,再由式(13-56)可知

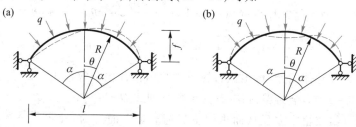

图 13-30

$$q = \left(\frac{k^2\pi^2}{\alpha^2} - 1\right)\frac{EI}{R^3}$$

应取 q 的最小正值为临界荷载,当 $\alpha < \pi$ 时即应取 $k = 1$,而有

$$q_{cr} = \left(\frac{\pi^2}{\alpha^2} - 1\right)\frac{EI}{R^3} \qquad (13-61)$$

当 $\alpha = \frac{\pi}{2}$ 时,所得 q_{cr} 值便与圆环的临界荷载相同。

正对称失稳时, w 和 M 应为 θ 的偶函数, u 则应为 θ 的奇函数, 故有

$$w = A_1 + A_3 \cos \theta + A_5 \cos n\theta$$

$$M = -\frac{EI}{R^2} [A_1 + A_5 (1 - n^2) \cos n\theta]$$

$$u = A_1 \theta + A_3 \sin \theta + \frac{A_5}{n} \sin n\theta$$

边界条件为当 $\theta = \alpha$ 时, $w = 0$, $M = 0$ 及 $u = 0$, 据此可建立稳定方程如下:

$$\begin{vmatrix} 1 & \cos \alpha & \cos n\alpha \\ 1 & 0 & (1 - n^2) \cos n\alpha \\ \alpha & \sin \alpha & \dfrac{1}{n} \sin n\alpha \end{vmatrix} = 0$$

展开可得

$$\tan n\alpha = \alpha (n - n^3) + n^3 \tan \alpha \tag{13-62}$$

当给定 α 后, 可由上式解出 n, 进而求得临界荷载。计算表明, 对于两铰圆拱, 最小临界荷载是反对称变形时的临界荷载。

对于圆弧形的无铰拱及三铰拱, 同样用上述方法求得其临界荷载。其中, 无铰圆拱的最小临界荷载也是发生于反对称失稳的情况下; 三铰圆拱的最小临界荷载则通常是由对称失稳情况所控制。为了便于应用, 可将各种圆拱的临界荷载表示为如下形式:

$$q_{cr} = K_1 \frac{EI}{l^3} \tag{13-63}$$

式中 l 是跨度, K_1 是与高跨比 $\dfrac{f}{l}$ 有关的系数, 见表 13–4。

表 13–4 等截面圆拱的临界荷载系数 K_1 值

f/l	无 铰 拱	两 铰 拱	三 铰 拱
0.1	58.9	28.4	22.2
0.2	90.4	39.3	33.5
0.3	93.4	40.9	34.9
0.4	80.7	32.8	30.2
0.5	64.0	24.0	24.0

抛物线拱在竖向均布荷载作用下的稳定问题, 计算较复杂, 其微分方程不能以有限形式解出, 而需采用数值积分法。其临界荷载也可表示为

$$q_{cr} = K_2 \frac{EI}{l^3} \tag{13-64}$$

系数 K_2 值列于表 13–5 中。

表 13 - 5 等截面抛物线拱的临界荷载系数 K_2 值

f/l	无 铰 拱	两 铰 拱	三 铰 拱	
			对称失稳	反对称失稳
0.1	60.7	28.5	22.5	28.5
0.2	101.0	45.4	39.6	45.4
0.3	115.0	46.5	47.3	46.5
0.4	111.0	43.9	49.2	43.9
0.5	97.4	38.4	—	38.4
0.6	83.8	30.5	38.0	30.5

§13 - 10 窄条梁的稳定

承受平面弯曲的梁,为了增大其承载能力,经常把截面制成高而窄的形式。这种窄条梁当其荷载达到临界值时(此时梁截面上的压应力达到其临界值),将丧失平面弯曲形式的稳定性,梁将偏离原弯曲平面而同时发生斜弯曲和扭转。下面以承受纯弯曲作用的简支梁为例来说明这类问题的求解方法。

图 13 -31a 所示狭长矩形截面梁,其两端简支处截面可绕 z 轴和 y 轴转动,但不能绕 x 轴转动。梁在两端受到一对 xy 平面内的力偶 M 的作用。用 v 和 w 分别表示梁失稳时任一截面的形心发生的竖向位移和侧向水平位移,并以沿坐标轴正者为正,用 θ 表示截面绕 x 轴的转角,并按右螺旋规则确定其正向,如图 13 -31b、c 所示。同时,在该截面新位置的形心处设置新坐标系 $x'y'z'$,其中 x' 沿梁轴的切线方向,y' 和 z' 为截面的两主轴,并将截面上的内力分解为两个弯矩 $M_{z'}$ 和 $M_{y'}$ 及一个扭矩 $M_{x'}$,则可建立两个弯曲微分方程和一个扭转微分方程如下:

$$\left. \begin{array}{l} EI_z \dfrac{\mathrm{d}^2 v}{\mathrm{d}x^2} = -M_{z'} \\[2mm] EI_y \dfrac{\mathrm{d}^2 w}{\mathrm{d}x^2} = -M_{y'} \\[2mm] GI_t \dfrac{\mathrm{d}\theta}{\mathrm{d}x} = M_{x'} \end{array} \right\} \tag{13-65}$$

第三式中的 GI_t 是截面抗扭刚度,I_t 称为截面抗扭二次矩,对于狭长矩形截面,I_t 可由下式计算:

$$I_t = \frac{hb^3}{3}\left(1 - 0.630\,\frac{b}{h}\right) \tag{13-66}$$

其中 h 和 b 为矩形截面的高度和宽度。

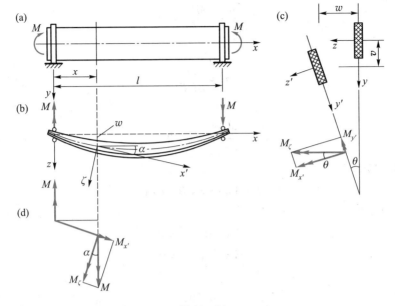

图 13-31

为了计算扭矩和两个平面内的弯矩,取隔离体如图 13-31d 所示,各力矩按右手螺旋规则用双箭头矢量表示,并将截面上的内力矢量 M 先在 xz 平面内沿 x' 及与其垂直的方向 ζ 进行分解,同时注意到变形是微小的,则有

$$M_{x'} = M\sin \alpha \approx M \frac{\mathrm{d}w}{\mathrm{d}x}$$

$$M_{\zeta} = M\cos \alpha \approx M$$

再将 M_{ζ} 沿 y' 和 z' 方向分解(图 13-31c),便得

$$M_{y'} = M_{\zeta}\sin \theta \approx M\theta$$

$$M_{z'} = M_{\zeta}\cos \theta \approx M$$

把以上所得的 $M_{x'}$、$M_{y'}$ 和 $M_{z'}$ 代入式(13-65),得

$$\left. \begin{array}{l} \dfrac{\mathrm{d}^2 v}{\mathrm{d}x^2} = -\dfrac{M}{EI_z} \\[3mm] \dfrac{\mathrm{d}^2 w}{\mathrm{d}x^2} = -\dfrac{M\theta}{EI_y} \\[3mm] GI_{\mathrm{t}} \dfrac{\mathrm{d}\theta}{\mathrm{d}x} = M \dfrac{\mathrm{d}w}{\mathrm{d}x} \end{array} \right\} \qquad (13-67)$$

上式中的第一式是梁在 xy 平面内弯曲的微分方程,与侧向位移及扭转变形无关。因此,为了确定临界荷载,只需对后面两式进行讨论即可。将第三式对 x 微分一次,再利用第二式消去 $\dfrac{\mathrm{d}^2 w}{\mathrm{d}x^2}$,即得

$$\frac{\mathrm{d}^2\theta}{\mathrm{d}x^2} + \frac{M^2}{EI_y GI_t}\theta = 0$$

命

$$n^2 = \frac{M^2}{EI_y GI_t} \tag{13-68}$$

则有

$$\frac{\mathrm{d}^2\theta}{\mathrm{d}x^2} + n^2\theta = 0 \tag{13-69}$$

上式的一般解为

$$\theta = A\sin nx + B\cos nx$$

根据边界条件

$$当 x = 0, \quad \theta = 0$$
$$当 x = l, \quad \theta = 0$$

得

$$B = 0$$
$$A\sin nl = 0$$

要求得 θ 的非零解,则 $A \neq 0$,因而稳定方程为

$$\sin nl = 0 \tag{13-70}$$

最小正根为 $nl = \pi$,代入式(13-68)得临界弯矩为

$$M_{cr} = \frac{\pi EI_y}{l}\sqrt{\frac{GI_t}{EI_y}} \tag{13-71}$$

由此可见,M_{cr} 与侧向抗弯刚度 EI_y 和抗扭刚度 GI_t 均有关。

窄条梁在其他荷载作用下或其他支承情况下的临界荷载,可照上述相同的方法求得,在此不再讨论,读者可参阅有关书籍。

*§13-11   用矩阵位移法计算刚架的稳定

刚架的稳定计算可采用力法、位移法和矩阵分析等方法,本节介绍用矩阵位移法计算刚架的临界荷载。

与第十章用矩阵位移法计算刚架的内力一样,用矩阵位移法计算刚架的稳定时,也是先将结构离散为若干单元,先进行单元分析,建立单元刚度方程,然后将各单元按一定条件集合成整体,进行整体分析,建立结构的总刚度方程从而求解。这里,有两点重要的不同之处:一是计算内力时,在单元分析中没有考虑轴向力对弯曲变形的影响,因为在刚架的弯曲问题中轴力较小,故这种影响可以忽略,这种单元称为普通单元;但在稳定问题中,压杆所承受的轴力是使其失稳变

弯的决定因素,因此在单元分析中必须考虑轴向力对弯曲变形的影响,这样的单元称为<u>压杆单元</u>。二是用近似理论(小挠度理论)分析刚架的第一类稳定时,并不能求解出结点位移的确定数值。在考虑支承条件并忽略轴向变形的情况下,结构的总刚度方程中荷载列阵的全部元素都将是零,要使结点位移有任意(微小的)非零解,必须是总刚度矩阵相应的行列式等于零。据此,即可建立稳定方程,从而求解临界荷载。下面先来讨论压杆单元的刚度方程。

推导压杆单元的刚度方程,可以用静力法,也可以用能量法,现在用能量法来推导。图 13 − 32 所示一等截面压杆,两端压力(也称纵向力)为 F,杆端之间无其他荷载。若不计轴向变形,则杆端位移和杆端力列向量可分别表示为

$$\bar{\boldsymbol{\delta}}^e = (\ \bar{v}_i^e \quad \bar{\varphi}_i^e \quad \bar{v}_j^e \quad \bar{\varphi}_j^e \ )^{\mathrm{T}} = (\ \bar{\delta}_1^e \quad \bar{\delta}_2^e \quad \bar{\delta}_3^e \quad \bar{\delta}_4^e \ )^{\mathrm{T}}$$

$$\bar{\boldsymbol{F}}^e = (\ \bar{F}_{Si}^e \quad \bar{M}_i^e \quad \bar{F}_{Sj}^e \quad \bar{M}_j^e \ )^{\mathrm{T}} = (\ \bar{F}_1^e \quad \bar{F}_2^e \quad \bar{F}_3^e \quad \bar{F}_4^e \ )^{\mathrm{T}}$$

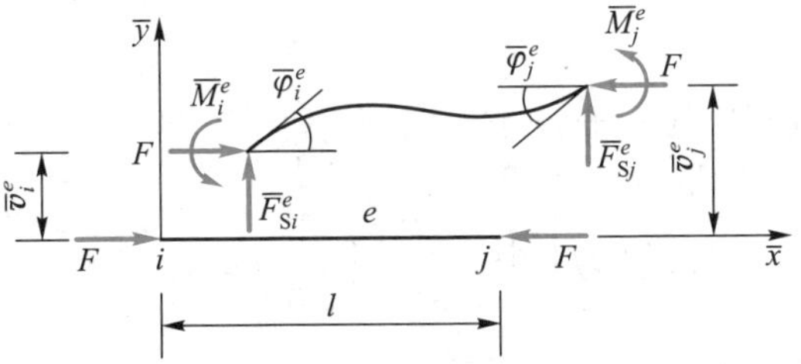

图 13 − 32

在能量法中,需先知道杆件的挠曲线,为了简便起见,近似假设其挠曲线为三次曲线:

$$y(x) = A + Bx + Cx^2 + Dx^3 \tag{a}$$

由边界条件:

$$x = 0 \text{ 时}, y = \bar{\delta}_1^e, y' = \bar{\delta}_2^e$$

$$x = l \text{ 时}, y = \bar{\delta}_3^e, y' = \bar{\delta}_4^e$$

可求出四个常数 A、B、C 和 D,代入挠曲线方程(a)得到

$$y(x) = \left(1 - \frac{3x^2}{l^2} + \frac{2x^3}{l^3}\right)\bar{\delta}_1^e + \left(x - \frac{2x^2}{l} + \frac{x^3}{l^2}\right)\bar{\delta}_2^e +$$

$$\left(\frac{3x^2}{l^2} - \frac{2x^3}{l^3}\right)\bar{\delta}_3^e + \left(-\frac{x^2}{l} + \frac{x^3}{l^2}\right)\bar{\delta}_4^e \tag{13 − 72}$$

可写为

$$y(x) = \sum_{i=1}^{4} \bar{\delta}_i^e \varphi_i(x) \tag{13 − 72'}$$

式中

$$\varphi_1(x) = 1 - \frac{3x^2}{l^2} + \frac{2x^3}{l^3}, \quad \varphi_2(x) = x - \frac{2x^2}{l} + \frac{x^3}{l^2}$$

$$\varphi_3(x) = \frac{3x^2}{l^2} - \frac{2x^3}{l^3}, \quad \varphi_4(x) = -\frac{x^2}{l} + \frac{x^3}{l^2} \qquad (13-73)$$

它们分别表示 $\bar{\delta}_i^e = 1$ 时所引起的挠曲线。可见,上述挠曲线为仅考虑四个杆端位移引起的挠曲线,由于还未考虑轴向力对位移的影响,所以是近似的(精确解可由静力法求出为较复杂的三角函数曲线)。当单元划分愈多,每个单元的范围愈小时,由此产生的误差也愈小。

单元的总势能 E_p 包括三部分:应变能 V_ε,纵向力势能 V_p 和杆端力势能 V_Q,由式(13-13)、(13-9)、(13-15)和(13-8)有

$$E_p = V_\varepsilon + V_P + V_Q$$

$$= \frac{1}{2}\int_0^l EI(y'')^2 \mathrm{d}x - \frac{F}{2}\int_0^l (y')^2 \mathrm{d}x - \sum_{i=1}^4 \bar{F}_i^e \bar{\delta}_i^e$$

$$= \frac{1}{2}\int_0^l EI\left[\sum_{i=1}^4 \bar{\delta}_i^e \varphi''_i(x)\right]^2 \mathrm{d}x - \frac{F}{2}\int_0^l \left[\sum_{i=1}^4 \bar{\delta}_i^e \varphi'(x)\right]^2 \mathrm{d}x - \sum_{i=1}^4 \bar{F}_i^e \bar{\delta}_i^e$$

$$(13-74)$$

根据势能驻值原理,体系处于平衡时,应满足式(13-11),即

$$\frac{\partial E_p}{\partial \bar{\delta}_i^e} = 0 \quad (i = 1,2,3,4)$$

由式(13-74)可得

$$-\frac{\partial V_Q}{\partial \bar{\delta}_i^e} = \frac{\partial V_\varepsilon}{\partial \bar{\delta}_i^e} + \frac{\partial V_p}{\partial \bar{\delta}_i^e} \quad (i = 1,2,3,4)$$

式中

$$\frac{\partial V_Q}{\partial \bar{\delta}_i^e} = -\bar{F}_i^e$$

$$\frac{\partial V_\varepsilon}{\partial \bar{\delta}_i^e} = \int_0^l EI\left[\sum_{j=1}^4 \bar{\delta}_j^e \varphi''_j(x)\right]\varphi''_i(x)\mathrm{d}x = \sum_{j=1}^4 \bar{\delta}_j^e \int_0^l EI\varphi''_i \varphi''_j \mathrm{d}x$$

$$\frac{\partial V_p}{\partial \bar{\delta}_i^e} = -F\int_0^l \left[\sum_{j=1}^4 \bar{\delta}_j^e \varphi'_j(x)\right]\varphi'_i(x)\mathrm{d}x = -\sum_{j=1}^4 \bar{\delta}_j^e F\int_0^l \varphi'_i \varphi'_j \mathrm{d}x$$

由此可得压杆单元的刚度方程为

$$\bar{F}_i^e = \sum_{j=1}^4 \bar{k}_{ij} \bar{\delta}_j^e - \sum_{j=1}^4 \bar{s}_{ij} \bar{\delta}_j^e \quad (i = 1,2,3,4) \qquad (13-75)$$

式中

$$\left.\begin{array}{c} \bar{k}_{ij} = \displaystyle\int_0^l EI\varphi''_i\varphi''_j\,\mathrm{d}x \\[2mm] \bar{s}_{ij} = F\displaystyle\int_0^l \varphi'_i\varphi'_j\,\mathrm{d}x \\[2mm] (i=1,2,3,4;\quad j=1,2,3,4) \end{array}\right\} \tag{13-76}$$

式(13-75)中四个方程可写成矩阵形式

$$\begin{pmatrix} \bar{F}^e_1 \\ \bar{F}^e_2 \\ \bar{F}^e_3 \\ \bar{F}^e_4 \end{pmatrix} = \begin{bmatrix} \bar{k}_{11} & \bar{k}_{12} & \bar{k}_{13} & \bar{k}_{14} \\ \bar{k}_{21} & \bar{k}_{22} & \bar{k}_{23} & \bar{k}_{24} \\ \bar{k}_{31} & \bar{k}_{32} & \bar{k}_{33} & \bar{k}_{34} \\ \bar{k}_{41} & \bar{k}_{42} & \bar{k}_{43} & \bar{k}_{44} \end{bmatrix} \begin{pmatrix} \bar{\delta}^e_1 \\ \bar{\delta}^e_2 \\ \bar{\delta}^e_3 \\ \bar{\delta}^e_4 \end{pmatrix} - \begin{bmatrix} \bar{s}_{11} & \bar{s}_{12} & \bar{s}_{13} & \bar{s}_{14} \\ \bar{s}_{21} & \bar{s}_{22} & \bar{s}_{23} & \bar{s}_{24} \\ \bar{s}_{31} & \bar{s}_{32} & \bar{s}_{33} & \bar{s}_{34} \\ \bar{s}_{41} & \bar{s}_{42} & \bar{s}_{43} & \bar{s}_{44} \end{bmatrix} \begin{pmatrix} \bar{\delta}^e_1 \\ \bar{\delta}^e_2 \\ \bar{\delta}^e_3 \\ \bar{\delta}^e_4 \end{pmatrix}$$

简写为

$$\bar{\boldsymbol{F}}^e = \bar{\boldsymbol{k}}^e\bar{\boldsymbol{\delta}}^e - \bar{\boldsymbol{s}}^e\bar{\boldsymbol{\delta}}^e$$

或

$$\bar{\boldsymbol{F}}^e = (\bar{\boldsymbol{k}}^e - \bar{\boldsymbol{s}}^e)\bar{\boldsymbol{\delta}}^e \tag{13-77}$$

将式(13-73)代入式(13-76)积分后可得

$$\bar{\boldsymbol{k}}^e = \left(\begin{array}{cc|cc} \dfrac{12EI}{l^3} & \dfrac{6EI}{l^2} & -\dfrac{12EI}{l^3} & \dfrac{6EI}{l^2} \\[3mm] \dfrac{6EI}{l^2} & \dfrac{4EI}{l} & -\dfrac{6EI}{l^2} & \dfrac{2EI}{l} \\[3mm] \hline -\dfrac{12EI}{l^3} & -\dfrac{6EI}{l^2} & \dfrac{12EI}{l^3} & -\dfrac{6EI}{l^2} \\[3mm] \dfrac{6EI}{l^2} & \dfrac{2EI}{l} & -\dfrac{6EI}{l^2} & \dfrac{4EI}{l} \end{array}\right) \tag{13-78}$$

为不计纵向力影响即普通单元的刚度矩阵;

$$\bar{\boldsymbol{s}}^e = F\left(\begin{array}{cc|cc} \dfrac{6}{5l} & \dfrac{1}{10} & -\dfrac{6}{5l} & \dfrac{1}{10} \\[3mm] \dfrac{1}{10} & \dfrac{2l}{15} & -\dfrac{1}{10} & -\dfrac{l}{30} \\[3mm] \hline -\dfrac{6}{5l} & -\dfrac{1}{10} & \dfrac{6}{5l} & -\dfrac{1}{10} \\[3mm] \dfrac{1}{10} & -\dfrac{l}{30} & -\dfrac{1}{10} & \dfrac{2l}{15} \end{array}\right) \tag{13-79}$$

为考虑纵向力影响的附加刚度矩阵,又称单元几何刚度矩阵。

若再补充轴向力和轴向位移之间的刚度关系,则单元刚度方程仍可表示为式(13-77),即

$$\overline{\boldsymbol{F}}^e = (\overline{\boldsymbol{k}}^e - \overline{\boldsymbol{s}}^e)\overline{\boldsymbol{\delta}}^e$$

式中

$$\overline{\boldsymbol{F}}^e = (\overline{F}_{Ni}^e \quad \overline{F}_{Si}^e \quad \overline{M}_i^e \mathbin{\vdots} \overline{F}_{Nj}^e \quad \overline{F}_{Sj}^e \quad \overline{M}_j^e)^{\mathrm{T}}$$

$$\overline{\boldsymbol{\delta}}^e = (\overline{u}_i \quad \overline{v}_i^e \quad \overline{\varphi}_i^e \mathbin{\vdots} \overline{u}_j^e \quad \overline{v}_j^e \quad \overline{\varphi}_j^e)^{\mathrm{T}}$$

$$\overline{\boldsymbol{k}}^e = \begin{pmatrix} \dfrac{EA}{l} & 0 & 0 & -\dfrac{EA}{l} & 0 & 0 \\[2ex] 0 & \dfrac{12EI}{l^3} & \dfrac{6EI}{l^2} & 0 & -\dfrac{12EI}{l^3} & \dfrac{6EI}{l^2} \\[2ex] 0 & \dfrac{6EI}{l^2} & \dfrac{4EI}{l} & 0 & -\dfrac{6EI}{l^2} & \dfrac{2EI}{l} \\[2ex] -\dfrac{EA}{l} & 0 & 0 & \dfrac{EA}{l} & 0 & 0 \\[2ex] 0 & -\dfrac{12EI}{l^3} & -\dfrac{6EI}{l^2} & 0 & \dfrac{12EI}{l^3} & -\dfrac{6EI}{l^2} \\[2ex] 0 & \dfrac{6EI}{l^2} & \dfrac{2EI}{l} & 0 & -\dfrac{6EI}{l^2} & \dfrac{4EI}{l} \end{pmatrix} \qquad (13-80)$$

$$\overline{\boldsymbol{s}}^e = F \begin{pmatrix} 0 & 0 & 0 & 0 & 0 & 0 \\[1.5ex] 0 & \dfrac{6}{5l} & \dfrac{1}{10} & 0 & -\dfrac{6}{5l} & \dfrac{1}{10} \\[1.5ex] 0 & \dfrac{1}{10} & \dfrac{2l}{15} & 0 & -\dfrac{1}{10} & -\dfrac{l}{30} \\[1.5ex] 0 & 0 & 0 & 0 & 0 & 0 \\[1.5ex] 0 & -\dfrac{6}{5l} & -\dfrac{1}{10} & 0 & \dfrac{6}{5l} & -\dfrac{1}{10} \\[1.5ex] 0 & \dfrac{1}{10} & -\dfrac{l}{30} & 0 & -\dfrac{1}{10} & \dfrac{2l}{15} \end{pmatrix} \qquad (13-81)$$

对于结构的整体坐标,单元刚度方程可表示为

$$\boldsymbol{F}^e = (\boldsymbol{k}^e - \boldsymbol{s}^e)\boldsymbol{\delta}^e \qquad (13-82)$$

式中杆端力和杆端位移列向量为

$$\boldsymbol{F}^e = (F_{xi}^e \quad F_{yi}^e \quad M_i^e \mathbin{\vdots} F_{xj}^e \quad F_{yj}^e \quad M_j^e)^{\mathrm{T}}$$

$$\boldsymbol{\delta}^e = (u_i^e \quad v_i^e \quad \varphi_i^e \mathbin{\vdots} u_j^e \quad v_j^e \quad \varphi_j^e)^{\mathrm{T}}$$

整体坐标系中的单元刚度矩阵 $\boldsymbol{k}^e$ 和 $\boldsymbol{s}^e$ 分别为

$$k^e = T^T \bar{k}^e T, \quad s^e = T^T \bar{s}^e T \qquad (13-83)$$

式中坐标转换矩阵 T 与第十章式(10-13)相同。

现在讨论整体分析。求得各单元整体坐标系中的单元刚度矩阵后,即可按第十章所述对号入座的方法,形成结构的原始总刚度矩阵,然后根据支承条件及忽略轴向变形的假设进行修改,可写出结构的总刚度方程为

$$(K-s)\Delta = F \qquad (13-84)$$

式中 Δ 为结点位移列向量;$(K-s)$ 为修改后的总刚度矩阵;F 为修改后的结点外力列向量,其全部元素都是零(至于各压杆所受压力,已包括在其单元刚度矩阵之中),即

$$F = 0 \qquad (13-85)$$

故总刚度方程成为

$$(K-s)\Delta = 0 \qquad (13-86)$$

这是关于 Δ 的齐次方程,$\Delta = 0$ 时满足上式,这对应于失稳前的平衡状态,此时各杆只承受轴向力,又忽略轴向变形,故不产生任何位移;根据失稳时平衡形式的二重性,出现新的弯曲平衡形式时则 Δ 不应全为零,故必有

$$|K-s| = 0 \qquad (13-87)$$

即总刚度矩阵相应的行列式应等于零,上式即为稳定方程,展开后为各杆所受压力的荷载参数 F 的代数方程,求解并取其最小根即为临界荷载。又若将解得的各根代回式(13-86),则可得到各结点位移间的比例关系,从而可确定相应的失稳形式。

例 13-8 试用矩阵位移法计算图 13-33a 所示刚架的临界荷载。

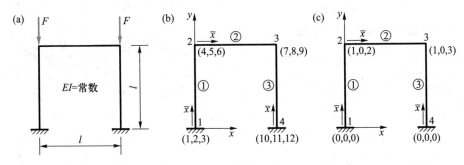

图 13-33

解:(1) 将各单元、结点编号,选取整体坐标系和各单元局部坐标系如图 13-33b 所示。各结点位移分量编号见括号中所注。

(2) 求各单元刚度矩阵。单元①和③为压杆单元,局部坐标系中的单元刚度矩阵为

$$\bar{k}^{①} - \bar{s}^{①} = \bar{k}^{③} - \bar{s}^{③}$$

$$= \begin{pmatrix} \dfrac{EA}{l} & 0 & 0 & -\dfrac{EA}{l} & 0 & 0 \\[2mm] 0 & \dfrac{12EI}{l^3} & \dfrac{6EI}{l^2} & 0 & -\dfrac{12EI}{l^3} & \dfrac{6EI}{l^2} \\[2mm] 0 & \dfrac{6EI}{l^2} & \dfrac{4EI}{l} & 0 & -\dfrac{6EI}{l^2} & \dfrac{2EI}{l} \\[2mm] -\dfrac{EA}{l} & 0 & 0 & \dfrac{EA}{l} & 0 & 0 \\[2mm] 0 & -\dfrac{12EI}{l^3} & -\dfrac{6EI}{l^2} & 0 & \dfrac{12EI}{l^3} & -\dfrac{6EI}{l^2} \\[2mm] 0 & \dfrac{6EI}{l^2} & \dfrac{2EI}{l} & 0 & -\dfrac{6EI}{l^2} & \dfrac{4EI}{l} \end{pmatrix} - F \begin{pmatrix} 0 & 0 & 0 & 0 & 0 & 0 \\[2mm] 0 & \dfrac{6}{5l} & \dfrac{1}{10} & 0 & -\dfrac{6}{5l} & \dfrac{1}{10} \\[2mm] 0 & \dfrac{1}{10} & \dfrac{2l}{15} & 0 & -\dfrac{1}{10} & -\dfrac{l}{30} \\[2mm] 0 & 0 & 0 & 0 & 0 & 0 \\[2mm] 0 & -\dfrac{6}{5l} & -\dfrac{1}{10} & 0 & \dfrac{6}{5l} & -\dfrac{1}{10} \\[2mm] 0 & \dfrac{1}{10} & -\dfrac{l}{30} & 0 & -\dfrac{1}{10} & \dfrac{2l}{15} \end{pmatrix}$$

此二单元 $\alpha = 90°$，按式$(13-83)$进行坐标转换后，可得整体坐标系中的单元刚度矩阵为

$$k^{①} - s^{①} = k^{③} - s^{③}$$

$$= \begin{pmatrix} \dfrac{12EI}{l^3} & 0 & -\dfrac{6EI}{l^2} & -\dfrac{12EI}{l^3} & 0 & -\dfrac{6EI}{l^2} \\[2mm] 0 & \dfrac{EA}{l} & 0 & 0 & -\dfrac{EA}{l} & 0 \\[2mm] -\dfrac{6EI}{l^2} & 0 & \dfrac{4EI}{l} & \dfrac{6EI}{l^2} & 0 & \dfrac{2EI}{l} \\[2mm] -\dfrac{12EI}{l^3} & 0 & \dfrac{6EI}{l^2} & \dfrac{12EI}{l^3} & 0 & \dfrac{6EI}{l^2} \\[2mm] 0 & -\dfrac{EA}{l} & 0 & 0 & \dfrac{EA}{l} & 0 \\[2mm] -\dfrac{6EI}{l^2} & 0 & \dfrac{2EI}{l} & \dfrac{6EI}{l^2} & 0 & \dfrac{4EI}{l} \end{pmatrix} - F \begin{pmatrix} \dfrac{6}{5l} & 0 & -\dfrac{1}{10} & -\dfrac{6}{5l} & 0 & -\dfrac{1}{10} \\[2mm] 0 & 0 & 0 & 0 & 0 & 0 \\[2mm] -\dfrac{1}{10} & 0 & \dfrac{2l}{15} & \dfrac{1}{10} & 0 & -\dfrac{l}{30} \\[2mm] -\dfrac{6}{5l} & 0 & \dfrac{1}{10} & \dfrac{6}{5l} & 0 & \dfrac{1}{10} \\[2mm] 0 & 0 & 0 & 0 & 0 & 0 \\[2mm] -\dfrac{1}{10} & 0 & -\dfrac{l}{30} & \dfrac{1}{10} & 0 & \dfrac{2l}{15} \end{pmatrix}$$

单元②为普通单元，且 $\alpha = 0°$，故有

$$\bar{k}^{②} = k^{②} = \begin{pmatrix} \dfrac{EA}{l} & 0 & 0 & -\dfrac{EA}{l} & 0 & 0 \\ 0 & \dfrac{12EI}{l^3} & \dfrac{6EI}{l^2} & 0 & -\dfrac{12EI}{l^3} & \dfrac{6EI}{l^2} \\ 0 & \dfrac{6EI}{l^2} & \dfrac{4EI}{l} & 0 & -\dfrac{6EI}{l^2} & \dfrac{2EI}{l} \\ -\dfrac{EA}{l} & 0 & 0 & \dfrac{EA}{l} & 0 & 0 \\ 0 & -\dfrac{12EI}{l^3} & -\dfrac{6EI}{l^2} & 0 & \dfrac{12EI}{l^3} & -\dfrac{6EI}{l^2} \\ 0 & \dfrac{6EI}{l^2} & \dfrac{2EI}{l} & 0 & -\dfrac{6EI}{l^2} & \dfrac{4EI}{l} \end{pmatrix}$$

（3）形成并修改总刚。将以上各单元在整体坐标系中的刚度矩阵，按图 13−33b 中括号内所标明之定位向量对号入座，可得到 12×12 阶的原始总刚度矩阵。考虑支承条件

$$u_1 = v_1 = \varphi_1 = 0, \quad u_4 = v_4 = \varphi_4 = 0$$

及忽略轴向变形有

$$v_2 = 0, \quad v_3 = 0, \quad u_1 = u_3$$

因此在总刚中删去第 1、2、3、10、11、12 和第 5、8 行和列，并将第 4 和第 7 行、列合并，则只剩下第 4、6、9 行和列，需求解的独立未知量只有 u_2、φ_2、φ_3 三个，可写出修改后的总刚度方程

$$(K - s)\Delta = F$$

即为

$$\frac{EI}{l^3}\begin{pmatrix} 24 - 72\beta & (6 - 3\beta)l & (6 - 3\beta)l \\ (6 - 3\beta)l & (8 - 4\beta)l^2 & 2l^2 \\ (6 - 3\beta)l & 2l^2 & (8 - 4\beta)l^2 \end{pmatrix}\begin{pmatrix} u_2 \\ \varphi_2 \\ \varphi_3 \end{pmatrix} = \begin{pmatrix} 0 \\ 0 \\ 0 \end{pmatrix}$$

式中

$$\beta = \frac{Fl^2}{30EI}$$

需指出，若按先处理法则结点位移分量编号如图 13−31c 所示，将各单元刚度矩阵按图中的定位向量对号入座送入总刚（只送两个下标均为非零编号的元素），则同样得到上述总刚度方程。

（4）求临界荷载。由式（13−87）稳定方程

$$|K - s| = 0$$

将上述总刚度矩阵的行列式展开并令其等于零,有

$$1\,080\beta^3 - 4\,596\beta^2 + 5\,136\beta - 1\,008 = 0$$

解此三次方程可得最小根为

$$\beta_{\min} = 0.248$$

故临界荷载为

$$F_{\mathrm{cr}} = \frac{7.44EI}{l^2}$$

比精确解 $\dfrac{7.379EI}{l^2}$ 仅大 0.8% 。一般,误差与 $\dfrac{Fl^2}{EI}$ 之值有关,当 $\dfrac{Fl^2}{EI} < 10$ 时通常误差不大; $\dfrac{Fl^2}{EI} > 10$ 时误差较大,欲提高精度可把单元划分细一些。

复习思考题

1. 第一类失稳和第二类失稳有何异同?

2. 试述静力法求临界荷载的原理和步骤,对于单自由度、有限自由度和无限自由度体系有什么不同?

3. 增大或减小杆端约束的刚度,对压杆的临界荷载数值有何影响?

4. 怎样根据各种刚性支承压杆的临界荷载值来估计弹性支承压杆临界荷载值的范围?

*5. 在什么情况下刚架的稳定问题才宜于简化为一根弹性支承压杆的稳定问题? 就图 13－34 两种情况进行讨论。对于图 13－34b 的情况若简化为一根弹性支承压杆,在确定弹簧刚度时会遇到什么困难? 应怎样解决?

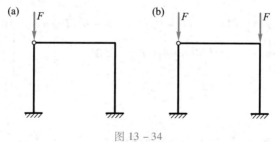

图 13－34

6. 试述能量法求临界荷载的原理和步骤。为什么能量法求得的临界荷载通常都是近似值,而且总是大于精确值?

7. 两铰拱和三铰拱在反对称失稳时的临界荷载值是否相同? 为什么?

8. 在两铰圆拱的临界荷载公式(13－61)中,当 $\alpha = \dfrac{\pi}{2}$ 时, $q_{\mathrm{cr}} = \dfrac{3EI}{R^3}$,与圆环临界荷载值相同;而当 $\alpha = \pi$ 时,反而得到 $q_{\mathrm{cr}} = 0$,这怎样解释?

习　题

13 – 1 ~ 13 – 3　图示结构各杆刚度均为无穷大,k 为抗移弹性支座的刚度(发生单位位移所需的力)。试用静力法确定其临界荷载。

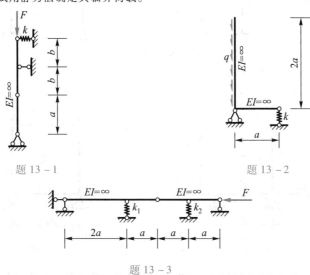

题 13 – 1　　　　　　　　　　　　　　　题 13 – 2

题 13 – 3

13 – 4　图示结构各杆 $EI = \infty$,弹性铰的抗转刚度(发生单位相对转角所需的力偶)为 k。试用静力法确定其临界荷载。

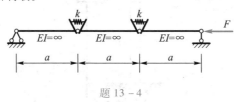

题 13 – 4

13 – 5 ~ 13 – 10　试用静力法求图示结构的稳定方程及临界荷载。

题 13 – 5　　　　　　　　　　　　　　题 13 – 6

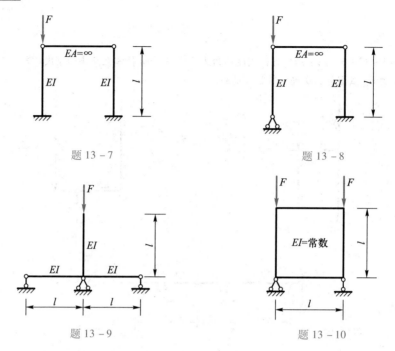

题 13 – 7

题 13 – 8

题 13 – 9

题 13 – 10

13 – 11 试写出图示桥墩的稳定方程,失稳时基础当作绕 D 点转动,地基的抗转刚度为 k。

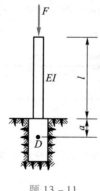

题 13 – 11

13 – 12 试用能量法作题 13 – 1 ~ 13 – 4。

13 – 13 试用能量法求题 13 – 5 的临界荷载。设失稳时压杆弹性部分的曲线可近似地取为抛物线 $y = \dfrac{ax^2}{l^2}$。

13 – 14 试用能量法求题 13 – 6 的临界荷载。设失稳时压杆弹性部分的曲线可近似地采用简支梁在杆端受一力偶作用的挠曲线 $y = ax\left(1 - \dfrac{x^2}{l^2}\right)$。

13 – 15 试用能量法求图示阶形压杆的临界荷载。设挠曲线取为 $y = a\left(1 - \cos\dfrac{\pi x}{2l}\right)$。

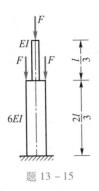

题 13 – 15

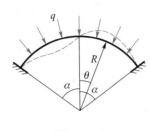

题 13 – 16

*13 – 16　试写出等截面无铰圆拱在径向均布荷载 q 作用下的稳定方程。计算已证实,最小临界荷载发生在反对称变形的情况下。

*13 – 17　图示半径为 R 的圆环在直径方向设有一横撑,试写出在径向均布压力 q 作用下的稳定方程。

提示:将半个圆环当作具有弹性固定端的无铰拱。在计算弹簧抗转刚度 k 时,取结点 A 为隔离体,当拱端力偶为 1 时,横撑一端的力偶为 2,由此可算出横撑两端的转角,也就是拱端的转角。

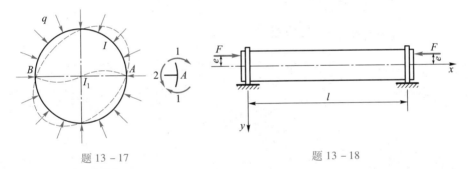

题 13 – 17　　　　　　　　　　　题 13 – 18

*13 – 18　图示狭长矩形截面简支梁在 xy 平面内承受一对偏心压力 F 的作用,设 $Fe = M$。试求其临界荷载,并讨论当(a)$e = 0$,(b)$F = 0$,但设梁两端有力偶 M 作用时的情形。

答　案

13 – 1　$F_{cr} = \dfrac{ab}{2a + b}k$

13 – 2　$q_{cr} = \dfrac{k}{2}$

13 – 3　$F_{cr} = \left(\dfrac{8}{15}k_1 + \dfrac{3}{10}k_2\right)a$

13 – 4　$F_{cr} = \dfrac{k}{a}$

13 – 5　$\tan nl = \dfrac{1}{nl}$,

$F_{cr} = n^2 EI = \dfrac{0.740EI}{l^2}$

13 – 6　$\cos nl = 0$,

$F_{cr} = \dfrac{\pi^2 EI}{4l^2}$

13 – 7　$\tan nl = nl - \dfrac{(nl)^3}{3}$,

$F_{cr} = \dfrac{4.86EI}{l^2}$

13 - 8　$\left(1 - \dfrac{3EI}{Fl^2}\right)\sin nl = 0$,

$F_1 = \dfrac{3EI}{l^2}$（此时压杆偏而不弯），

$F_2 = \dfrac{\pi^2 EI}{l^2}$（此时压杆弯而不偏），

应取小者，$F_{cr} = \dfrac{3EI}{l^2}$

13 - 9　$nl\tan nl = 6$,

$F_{cr} = \dfrac{1.82EI}{l^2}$

13 - 10　反对称变形时临界荷载较小，
稳定方程为

$1 + \cos nl = \dfrac{nl}{6}\sin nl$

或　$\dfrac{nl}{2}\tan \dfrac{nl}{2} = 3$,

或　$\tan nl = \dfrac{12nl}{(nl)^2 - 36}$,

临界荷载为 $F_{cr} = \dfrac{5.688EI}{l^2}$

13 - 11　$(nl)^2\left(\dfrac{\tan nl}{nl} + \dfrac{a}{l}\right) = \dfrac{kl}{EI}$

13 - 13　$F_{cr} = \dfrac{0.75EI}{l^2}$

13 - 14　$F_{cr} = \dfrac{2.5EI}{l^2}$

13 - 15　$F_{cr} = \dfrac{7.91EI}{l^2}$

*13 - 16　$\dfrac{\tan n\alpha}{n\alpha} = \dfrac{\tan \alpha}{\alpha}$

*13 - 17　$\tan \dfrac{\pi n}{2} = \dfrac{3n}{2(n^2 - 1)}\dfrac{I_1}{I}$

*13 - 18　令 $n^2 = \dfrac{M^2 + GI_t F}{EI_y GI_t}$,

稳定方程为 $\sin nl = 0$,

临界荷载由下式确定

$M^2 + GI_t F = \dfrac{\pi^2 EI_y GI_t}{l^2}$

第十四章 结构的极限荷载

§14-1 概述

约自 19 世纪中叶开始,人们便在结构设计中采用许用应力法计算结构的强度,这种方法是把结构当作理想弹性体来分析,故又称为弹性分析方法。这种方法认为,结构的最大应力达到材料的极限应力 σ_u 时结构将会破坏,故其强度条件为

$$\sigma_{max} \leqslant [\sigma] = \frac{\sigma_u}{k}$$

式中 σ_{max} 为结构的实际最大应力;$[\sigma]$ 为材料的许用应力;σ_u 为材料的极限应力,对于脆性材料为其强度极限 σ_b,对于塑性材料则为其屈服极限 σ_s;k 是安全系数。

许用应力法至今在工程中仍广泛应用。然而,由塑性材料制成的结构,尤其是超静定结构,当某一局部应力达到屈服极限时,结构并不破坏,还能承受更大的荷载而进入塑性阶段继续工作。可见,按许用应力法以个别截面的局部应力来衡量整个结构的承载能力是不够经济合理的,而且用以确定许用应力的安全系数 k 也不能反映整个结构的强度储备。因此,从 20 世纪三、四十年代以来,又建立和发展了按极限荷载计算结构强度的方法。这种方法不是以结构在弹性阶段的最大应力达到极限应力作为结构破坏的标志,而是以结构进入塑性阶段并最后丧失承载能力时的极限状态作为结构破坏的标志,故又称为塑性分析方法。结构在极限状态时所能承受的荷载称为极限荷载,而强度条件表示为

$$F \leqslant \frac{F_u}{K}$$

式中 F 为结构实际承受的荷载,F_u 为极限荷载,K 为安全系数。

显然,按极限荷载的方法设计结构将更为经济合理,而且安全系数 K 是从整个结构所能承受的荷载来考虑的,故能较正确地反映结构的强度储备。但须指出,按极限荷载计算结构的方法也有其局限性,这就是它只反映了结构的最后状态,而不能反映结构由弹性阶段到塑性阶段再到极限状态的过程,而且在给定

安全系数 K 后,结构在实际荷载作用下处于什么工作状态也无法确定。事实上,结构在设计荷载作用下,大多数仍处于弹性阶段,因此弹性分析对于研究结构的实际工作状态及其性能仍是很重要的。所以,在结构设计中,塑性计算与弹性计算是互相补充的。

在结构的塑性分析中,为了使所建立的理论比较简便实用,有必要对材料的力学性能即应力与应变的关系作某些合理的简化。通常采用图 14-1 所示的应力-应变图形,即认为应力达到屈服极限 σ_s 以前,材料是理想弹性的,应力与应变成正比;而应力达到 σ_s 后,材料转为理想塑性的,即应力保持不变,应变可以任意增长,如 AB 所示。同时,认为材料受拉和受压时的性能相同。当材

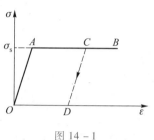

图 14-1

料到达塑性阶段的某点 C 时,如果卸载,则应力应变将沿着与 OA 平行的直线 CD 下降。应力减至零时,有残余应变 OD。也就是说,加载时,应力增加,材料是弹塑性的;卸载时,应力减小,材料是弹性的。

符合上述应力与应变关系的材料,称为理想弹塑性材料。一般的建筑用钢具有相当长的屈服阶段,在实际的钢结构中,加载后其应变通常不至于超过这一阶段,故采用上述简化图形是适宜的。钢筋混凝土受弯构件,在混凝土受拉区出现裂缝后,拉力完全由钢筋承受,故也可以采用上述简化图形。

需要指出,在结构的塑性分析中,叠加原理不再适用,因此对于各种荷载组合都必须单独进行计算。在本章中我们将研究塑性分析方法,并只考虑荷载一次加于结构,且各荷载按同一比例增加,即所谓比例加载的情况。

§14-2 极限弯矩和塑性铰·破坏机构·静定梁的计算

首先研究梁在弹性和塑性阶段的工作情况,并由此说明几个基本概念。

设梁的横截面有一对称轴(图 14-2a),并承受位于对称平面内的竖向荷载作用。当荷载增加时,梁将逐渐由弹性阶段过渡到塑性阶段。实验表明,无论在哪一阶段,都可以认为梁的横截面仍保持为平面。

当荷载较小时,梁完全处于弹性阶段,截面上的正应力都小于屈服极限 σ_s,并沿截面高度成直线分布(图 14-2b)。当荷载增加到一定值时,若暂不考虑切应力影响,则最外边缘处正应力将首先达到屈服极限 σ_s(图 14-2c),相应于此时的弯矩称为屈服弯矩,以 M_s 表示,按照弹性阶段的应力计算公式可知

$$M_s = \sigma_s W$$

（左侧边注）14-2 塑性应力-应变关系

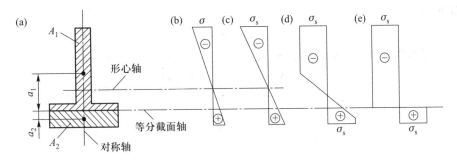

图 14 - 2

式中 W 为弯曲截面系数。

当荷载再增加时,该截面上由外向内将有更多的部分相继进入塑性流动阶段,它们的应力都保持 σ_s 的数值,但其余纤维仍处于弹性阶段(图 14 - 2d)。随着荷载的继续增加,塑性区域将由外向里逐渐扩展,最后扩展到全部截面,整个截面的应力都达到了屈服极限 σ_s,正应力分布图形成为两个矩形(图 14 - 2e)。这时的弯矩达到了该截面所能承受的最大数值,称为该截面的<u>极限弯矩</u>,以 M_u 表示。此时,该截面的弯矩不能再增大,但弯曲变形则可任意增长,这就相当于在该截面处出现了一个铰,我们称此为<u>塑性铰</u>。塑性铰与普通铰有所区别:第一,普通铰不能承受弯矩,而塑性铰则承受着极限弯矩 M_u;第二,普通铰可以向两个方向自由转动,即为双向铰,而塑性铰是单向铰,只能沿着弯矩的方向转动,当弯矩减小时,材料则恢复弹性,塑性铰即告消失。

截面的极限弯矩值可根据图 14 - 2e 所示的正应力分布图形确定。设受压和受拉部分截面面积分别为 A_1 和 A_2,由于梁受竖向荷载作用时轴力为零,故有

$$\sigma_s A_1 - \sigma_s A_2 = 0$$

因而

$$A_1 = A_2 = \frac{A}{2}$$

式中 A 为梁截面面积。这表明,此时截面上的受压和受拉部分的面积相等,亦即中性轴为等分截面轴。而截面上两个方向相反、大小相等均为 $\sigma_s \dfrac{A}{2}$ 的力则组成为一力偶,也就是该截面的极限弯矩 M_u,即

$$M_u = \sigma_s A_1 a_1 + \sigma_s A_2 a_2 = \sigma_s(S_1 + S_2)$$

式中 a_1 和 a_2 分别为面积 A_1 和 A_2 的形心到等分截面轴的距离,S_1 和 S_2 即为 A_1 和 A_2 对该轴的静矩。若令

$$W_s = S_1 + S_2 \tag{14 - 1}$$

称为<u>塑性截面系数</u>,即受压和受拉部分面积对<u>等分截面轴</u>的静矩之和,则极限弯

矩可表为

$$M_u = \sigma_s W_s \qquad (14-2)$$

当截面为 $b \times h$ 的矩形时，有

$$W_s = S_1 + S_2 = 2\frac{bh}{2}\frac{h}{4} = \frac{bh^2}{4}$$

故

$$M_u = \frac{bh^2}{4}\sigma_s$$

而相应的弹性截面系数和屈服弯矩分别为

$$W = \frac{bh^2}{6}, \quad M_s = \frac{bh^2}{6}\sigma_s$$

可见，这两种弯矩的比值为

$$\frac{M_u}{M_s} = 1.5$$

这表明，对于矩形截面梁来说，按塑性计算比按弹性计算可使截面的承载能力提高 50%。

一般说来，比值

$$\alpha = \frac{M_u}{M_s} = \frac{W_s}{W} \qquad (14-3)$$

与截面形状有关，称为截面形状系数。对于几种常用截面，α 值如下：

矩形　　　　　　$\alpha = 1.5$

圆形　　　　　　$\alpha = 1.70$

薄壁圆环形　　　$\alpha \approx 1.27 \sim 1.4$（一般可取 1.3）

工字形　　　　　$\alpha \approx 1.1 \sim 1.2$（一般可取 1.15）

以上推导梁的极限弯矩时，忽略了剪力的影响。由于剪力的存在，截面的极限弯矩值将会降低，但这种影响一般很小，可以忽略。

当结构出现若干塑性铰而成为几何可变或瞬变体系时，称为破坏机构，此时结构已丧失了承载能力，即达到了极限状态。

对于静定梁，出现一个塑性铰即成为破坏机构。对于等截面梁，塑性铰必定首先出现在弯矩绝对值最大的截面即 $|M|_{max}$ 处。根据塑性铰处的弯矩值等于极限弯矩 M_u 和平衡条件，将很容易求得静定梁的极限荷载 F_u。

例如图 14-3a 所示等截面简支梁，跨中截面弯矩最大，该处出现塑性铰时，梁将成为破坏机构（图 14-3b，用黑小圆表示塑性铰），同时该截面弯矩达到极限弯矩 M_u。根据平衡条件作出弯矩图（图 14-3c），由

$$\frac{F_u l}{4} = M_u$$

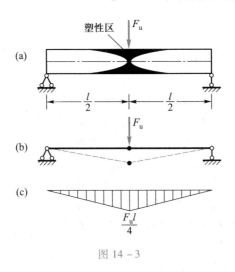

图 14-3

便可求得极限荷载为

$$F_u = \frac{4M_u}{l}$$

对于变截面梁,塑性铰则首先出现在所受弯矩 M 与极限弯矩 M_u 之比绝对值最大的截面,即 $\left|\dfrac{M}{M_u}\right|_{max}$ 处,或者 $\left|\dfrac{M_u}{M}\right|_{min}$ 处。

§14-3 单跨超静定梁的极限荷载

超静定梁由于具有多余联系,当出现一个塑性铰时,梁仍是几何不变的,并不会破坏,还能承受更大的荷载。只有当相继出现更多的塑性铰而使梁变成几何可变或瞬变体系,亦即成为破坏机构时,才会丧失承载能力。

例如图 14-4a 所示一端固定一端铰支的等截面梁,在跨中承受集中荷载作用。梁在弹性阶段的弯矩图可按解算超静定的方法求得,如图 14-4b 所示,截面 A 的弯矩最大。当荷载增大到一定值时,A 端弯矩首先达到极限值 M_u,并出现塑性铰。此时,梁成为在 A 端作用有已知弯矩 M_u,并在跨中承受荷载 F 的简支梁,因而问题已转化为静定的,其弯矩图根据平衡条件即可求出(图 14-4c)。但此时梁并未破坏,它仍是几何不变的,承载能力尚未达到极限值。若荷载继续增大,A 端弯矩将保持不变,最后跨中截面 C 的弯矩也达到极限值 M_u,从而在该截面也形成塑性铰。这样,梁就成为几何可变的机构(图 14-4e),也就是达到了极限状态。此时的弯矩图按平衡条件可作出如图 14-4d 所示。由图可得

$$\frac{F_u l}{4} - \frac{M_u}{2} = M_u$$

故得

$$F_u = \frac{6M_u}{l} \qquad (14-4)$$

由以上讨论可以看出,极限荷载的计算实际上无需考虑弹塑性变形的发展过程,只要确定了结构最后的破坏机构的形式,便可由平衡条件求出极限荷载,此时问题已成为静定的。对于超静定梁,只需使破坏机构中各塑性铰处的弯矩都等于极限弯矩,并据此按静力平衡条件作出弯矩图,即可确定极限荷载。这种利用静力平衡条件确定极限荷载的方法称为静力法。

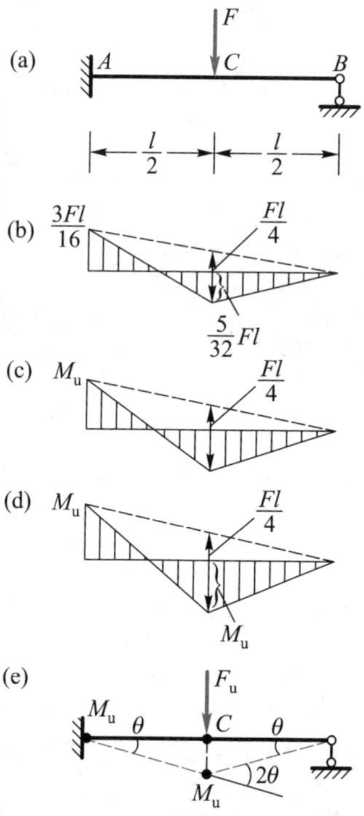

此外,计算极限荷载的问题既然是平衡问题,因此也可以利用虚功原理来求得极限荷载,这就是机动法。例如在图 14 – 4e 中,设机构沿荷载正方向产生任意微小的虚位移,由第六章式(6 – 3)($W = W_v$ 即外力虚功等于变形虚功),可得

$$F_u \frac{l}{2}\theta = M_u\theta + M_u \times 2\theta$$

图 14 – 4

这里虚位移是机构刚体位移,故在等式右边内力所作的变形虚功中只有各塑性铰处的极限弯矩在其相对转角上所作的功。由上式同样可得

$$F_u = \frac{6M_u}{l}$$

下面再举两个例子说明单跨超静定梁极限荷载的计算。

例 14 – 1 试求图 14 – 5a 所示两端固定的等截面梁的极限荷载。

解:此梁须出现三个塑性铰才能成为瞬变体系而进入极限状态。由于最大负弯矩发生在两固端截面 A、B 处,而最大正弯矩发生在截面 C 处,故塑性铰必定出现在此三个截面。用静力法求解时,作出极限状态的弯矩图如图 14 – 5b 所示,由平衡条件有

$$\frac{F_u ab}{l} = M_u + M_u$$

可得

$$F_u = \frac{2l}{ab}M_u$$

若用机动法求解,作出机构的虚位移图(图 14 – 5c),有

$$F_u a\theta = M_u\theta + M_u\frac{l}{b}\theta + M_u\frac{a}{b}\theta$$

可得

$$F_u = \frac{2l}{ab}M_u$$

结果与静力法相同。

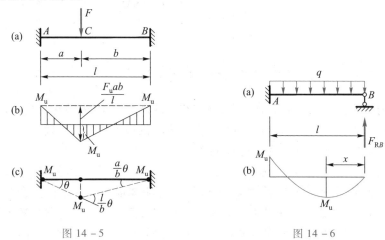

图 14 – 5　　　　　　　　图 14 – 6

例 14 – 2　试求一端固定另一端铰支的等截面梁在均布荷载作用时（图 14 – 6a）的极限荷载 q_u。

解：此梁出现两个塑性铰即到达极限状态。一个塑性铰在最大负弯矩所在截面，即固定端 A 处；另一塑性铰在最大正弯矩所在截面，即剪力为零处，此截面位置有待确定，设其至铰支端距离为 x（图 14 – 6b）。现用静力法求解，由 $\Sigma M_A = 0$ 有

$$F_{RB} = \frac{q_u l}{2} - \frac{M_u}{l}$$

再由

$$F_{Sx} = 0,\ -F_{RB} + q_u x = -\left(\frac{q_u l}{2} - \frac{M_u}{l}\right) + q_u x = 0$$

有

$$q_u = \frac{M_u}{l\left(\dfrac{l}{2} - x\right)} \tag{a}$$

而最大正弯矩之值亦等于 M_u，故有

$$\frac{q_u(2x)^2}{8} = M_u$$

将式(a)代入,化简后有

$$x^2 + 2lx - l^2 = 0$$

解得

$$x = (\sqrt{2} - 1)l = 0.414\,2l \quad (另一根为 -(1 + \sqrt{2})l,舍去)$$

代入式(a)求得

$$q_u = (6 + 4\sqrt{2})\frac{M_u}{l^2} = \frac{11.66M_u}{l^2}$$

§14-4　比例加载时有关极限荷载的几个定理

在前述确定极限荷载的算例中,结构和荷载都较简单,其破坏机构的形式较容易确定。当结构和荷载较复杂时,真正的破坏机构形式则较难确定,其极限荷载的计算可借助于本节所述比例加载时的几个定理。

比例加载是指作用于结构上的各个荷载增加时,始终保持它们之间原有的固定比例关系,且不出现卸载现象。此时,所有荷载都包含一个公共参数 F,称为荷载参数,因此确定极限荷载实际上就是确定极限状态时的荷载参数 F_u。

由前述分析可知,结构处于极限状态时,应同时满足下述三个条件:

(1) 机构条件。在极限状态中,结构必须出现足够数目的塑性铰而成为机构(几何可变或瞬变体系),可沿荷载作正功的方向发生单向运动。

(2) 内力局限条件。在极限状态中,任一截面的弯矩绝对值都不超过其极限弯矩,即 $|M| \le M_u$。

(3) 平衡条件。在极限状态中,结构的整体或任一局部仍须维持平衡。

为了便于讨论,我们把满足机构条件和平衡条件的荷载(不一定满足内力局限条件)称为可破坏荷载,用 F^+ 表示;而把满足内力局限条件和平衡条件的荷载(不一定满足机构条件)称为可接受荷载,用 F^- 表示。由于极限状态须同时满足上述三个条件,故可知极限荷载既是可破坏荷载,又是可接受荷载。

比例加载时有关极限荷载的几个定理如下:

1. 极小定理

极限荷载是所有可破坏荷载中的最小者。

2. 极大定理

极限荷载是所有可接受荷载中的最大者。

3. 唯一性定理

极限荷载值只有一个确定值。因此,若某荷载既是可破坏荷载,又是可接受荷载,则可断定该荷载即为极限荷载。

下面给出定理的证明。首先来证明可破坏荷载 F^+ 恒不小于可接受荷载

F^-，即 $F^+ \geqslant F^-$。

取任一破坏机构,给以单向虚位移,由虚功方程有

$$F^+ \delta = \sum_{i=1}^{n} |M_{ui}| \cdot |\theta_i|$$

式中 n 为塑性铰的数目,因塑性铰是单向铰,极限弯矩 M_{ui} 与相对转角 θ_i 恒同向,总是作正功,故可取二者绝对值相乘。又取任一可接受荷载 F^-,相应的弯矩用 M^- 表示,令结构产生与上述机构相同的虚位移,则有

$$F^- \delta = \sum_{i=1}^{n} M_i^- \theta_i$$

由内力局限条件可知

$$M_i^- \leqslant |M_{ui}|$$

故有

$$\sum_{i=1}^{n} M_i^- \theta_i \leqslant \sum_{i=1}^{n} |M_{ui}| \cdot |\theta_i|$$

从而

$$F^+ \geqslant F^-$$

得证。

再来证明上述三个定理:

(1) 极小定理。因 F_u 属于 F^-,故 $F_u \leqslant F^+$,得证。

(2) 极大定理。因 F_u 属于 F^+,故 $F_u \geqslant F^-$,得证。

(3) 唯一性定理。设有两个极限荷载 F_{u1} 和 F_{u2},因 F_{u1} 为 F^+、F_{u2} 为 F^-,故有 $F_{u1} \geqslant F_{u2}$;又因 F_{u1} 亦为 F^-、F_{u2} 亦为 F^+,故又有 $F_{u1} \leqslant F_{u2}$。因此,只有 $F_{u1} = F_{u2}$,得证。

§14－5　计算极限荷载的穷举法和试算法

当结构或荷载情况较复杂,难于确定极限状态的破坏机构形式时,根据上节的定理,可采用下述方法之一来求得极限荷载:

(1) 穷举法,也称机构法或机动法。列举所有可能的各种破坏机构,由平衡条件或虚功原理求出相应的荷载,取其中最小者即为极限荷载。

(2) 试算法。任选一种破坏机构,由平衡条件或虚功原理求出相应的荷载,并作出其弯矩图,若满足内力局限条件,则该荷载即为极限荷载;若不满足,则另选一机构再行试算,直至满足。

例 14－3　试求图 14－7a 所示变截面梁的极限荷载。

解:此梁出现两个塑性铰即成为破坏机构。除了最大负弯矩和最大正弯矩

所在的截面 A、C 外,截面突变处 D 右侧也可能出现塑性铰。

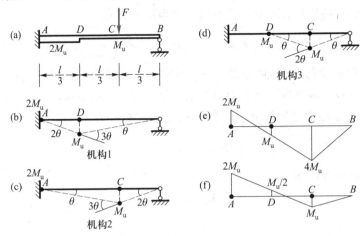

图 14 – 7

(1) 用穷举法求解。共有以下 3 种可能的破坏机构。

机构 1:设 A、D 处出现塑性铰(图 14 –7b),由

$$F \frac{l}{3}\theta = 2M_u \times 2\theta + M_u \times 3\theta$$

得

$$F = \frac{21M_u}{l}$$

机构 2:设 A、C 处出现塑性铰(图 14 –7c),由

$$F \frac{2l}{3}\theta = 2M_u\theta + M_u \times 3\theta$$

得

$$F = \frac{7.5M_u}{l}$$

机构 3:设 D、C 处出现塑性铰(图 14 –7d),由

$$F \frac{l}{3}\theta = M_u\theta + M_u \times 2\theta$$

得

$$F = \frac{9M_u}{l}$$

选最小值得

$$F_u = \frac{7.5M_u}{l}$$

即实际的破坏机构是机构2。

（2）用试算法求解。设首先选择机构1（图14 –7b），可求得其相应的荷载为 $F = \dfrac{21M_u}{l}$（计算同上）。然后，由塑性铰 A 处的弯矩为 $2M_u$（上边受拉），D（右侧）处弯矩为 M_u（下边受拉），以及无荷区段弯矩图为直线，铰 B 处弯矩为零，便可绘出其弯矩图（图14 –7e）。此时，截面 C 的弯矩已达 $4M_u$，超过了其极限弯矩 M_u，故此机构不是极限状态。

现另选机构2试算（图14 –7c）。先求得其相应的荷载（计算同上）为 $F = \dfrac{7.5M_u}{l}$；然后，同理可作出其弯矩图如图14 –7f 所示。可见，所有截面的弯矩均未超过其极限弯矩值，故此时的荷载为可接受荷载，因而极限荷载为

$$F_u = \frac{7.5M_u}{l}$$

§14 –6　连续梁的极限荷载

连续梁（图14 –8a）可能由于某一跨出现三个塑性铰或铰支端跨出现两个塑性铰而成为破坏机构（图14 –8b、c 和 d），也可能由相邻各跨联合形成破坏机构（图14 –8e）。可以证明，当各跨分别为等截面梁，所有荷载方向均相同（通常向下）时，只可能出现某一跨单独破坏的机构。因为在这种情况下，各跨的最大负弯矩只可能发生在两端支座截面处，而在各跨联合机构中（图14 –8e）至少会有一跨在中部出现负弯矩的塑性铰，因此这是不可能出现的。于是，对于这种连

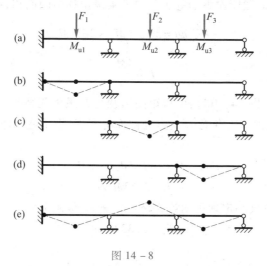

图14 –8

续梁,只需将各跨单独破坏时的荷载分别求出,然后取其中最小者,便是连续梁的极限荷载。

例 14 − 4   试求图 14 −9a 所示连续梁的极限荷载。各跨分别为等截面的,其极限弯矩如图所示。

解:第 1 跨机构(图 14 −9b):

$$0.8Fa\theta = M_u \times 2\theta + M_u\theta$$

$$F = \frac{3.75M_u}{a}$$

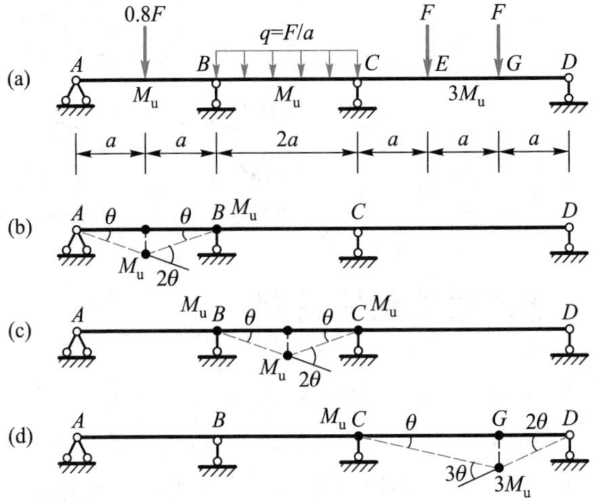

图 14 −9

第 2 跨机构(图 14 −9c):由对称可知,最大正弯矩的塑性铰出现在跨度中点。注意到均布荷载所作虚功等于其集度乘虚位移图的面积,有

$$\frac{F}{a} \frac{2a}{2} a\theta = M_u\theta + M_u \times 2\theta + M_u\theta$$

$$F = \frac{4M_u}{a}$$

第 3 跨机构(图 14 −9d):由弯矩图形状可知最大正弯矩在截面 G 处,故塑性铰出现在 C、G 两点。注意 C 支座处截面有突变,极限弯矩应取其两侧的较小值。故有

$$Fa\theta + F \times 2a\theta = M_u\theta + 3M_u \times 3\theta$$

$$F = 3.33M_u/a$$

比较以上结果,按极小定理可知第 3 跨首先破坏,极限荷载为

$$F_u = 3.33M_u/a$$

§14 −7　刚架的极限荷载

本节讨论刚架极限荷载的计算,所用方法仍是前面介绍的穷举法或试算法。

刚架一般同时承受弯矩、剪力和轴力。前已指出,剪力对极限弯矩的影响较小可略去;由于轴力的存在,极限弯矩的数值也将减小,这里亦暂不考虑其影响。

计算刚架的极限荷载时,首先要确定破坏机构可能的形式。例如图 14 − 10a 所示刚架,各杆分别为等截面杆,由弯矩图的形状可知,塑性铰只可能在 A、B、C(下侧)、E(下侧)、D 五个截面处出现。但此刚架为 3 次超静定,故只要出现 4 个塑性铰或在一直杆上出现 3 个塑性铰即成为破坏机构。因此,有多种可能的机构形式。用穷举法求解以下各机构。

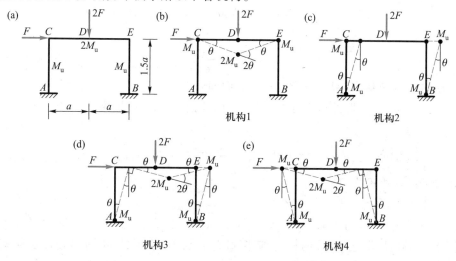

图 14 − 10

机构 1(图 14 − 10b):横梁上出现 3 个塑性铰而成为瞬变(其余部分仍几何不变),故又称"梁机构"。列出虚功方程为

$$2Fa\theta = M_u\theta + 2M_u \times 2\theta + M_u\theta$$

得

$$F = 3\frac{M_u}{a}$$

机构 2(图 14 − 10c):4 个塑性铰出现在 A、C、E、B 处,各杆仍为直线,整个刚架侧移,故又称"侧移机构"。于是,有

$$F \times 1.5a\theta = 4M_u\theta$$

得

$$F = 2.67\frac{M_u}{a}$$

机构3(图14−10d):塑性铰出现在A、D、E、B处,横梁转折,刚架亦侧移,故又称"联合机构"。注意到此时刚结点C处两杆夹角仍保持直角,又因位移微小,故C和E点水平位移相等。据此即可确定虚位移图中的几何关系,从而可有

$$F \times 1.5a\theta + 2Fa\theta = M_u\theta + 2M_u \times 2\theta + M_u \times 2\theta + M_u\theta$$

得

$$F = 2.29\frac{M_u}{a}$$

机构4(图14−10e),也称联合机构:机构发生虚位移时设右柱向左转动,则D点竖直位移向下使较大的荷载$2F$作正功。此时,刚架向左侧移,故C点之水平荷载F作负功。于是,有

$$2Fa\theta - F \times 1.5a\theta = M_u\theta + M_u \times 2\theta + 2M_u \times 2\theta + M_u\theta$$

得

$$F = 16\frac{M_u}{a}$$

若所得F为负值,则只需将虚位移反方向即可。

经分析可知,再无其他可能的机构,因此由上述各F值中按极小定理选取最小者为

$$F_u = 2.29\frac{M_u}{a}$$

实际的破坏机构为机构3。

下面再讨论用试算法求解。

首先,选择机构2(图14−10c),求出其相应的荷载为$F = 2.67M_u/a$(计算同上)。然后,作弯矩图,两柱的M图可首先绘出;横梁的M图用叠加法绘制(图14−11a),可知D点处弯矩为

$$M_D = \frac{M_u - M_u}{2} + \frac{2F \times 2a}{4} = 2.67M_u > 2M_u$$

可见,不满足内力局限条件,荷载是不可承受的。

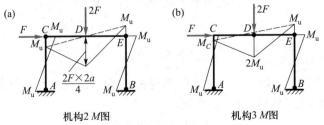

图14−11

试选机构 3(图 14-10d),求得相应荷载为 $F = 2.29M_u/a$(计算同上)。由各塑性铰处之弯矩等于极限弯矩,可绘出右柱和横梁右半段的弯矩图(图 14-11b)。设结点 C 处两杆端弯矩为 M_C(内侧受拉),由横梁弯矩图的叠加法有

$$\frac{M_u - M_C}{2} + 2M_u = \frac{2F \times 2a}{4} = Fa = 2.29M_u$$

可得

$$M_C = 0.42M_u < M_u$$

这样,便可绘出全部弯矩图,并可见满足内力局限条件。因此,此机构即为极限状态,极限荷载为

$$F_u = 2.29\frac{M_u}{a}$$

*§14-8 矩阵位移法求刚架极限荷载的概念

前面介绍的穷举法和试算法,适合于手算,只能求解一些简单的刚架。矩阵位移法适合于电算,故能解决更复杂的求极限荷载的问题。

本节所介绍的方法称为增量法或变刚度法,其要点是:从弹性阶段开始,一步一步计算,每步增加一个塑性铰,而每当出现一个塑性铰,就把该处改为铰结再进行下一步计算;然后求出下一个塑性铰出现时荷载的增量值,这样直到成为机构,便可求得极限荷载。具体计算步骤如下:

(1)令荷载参数 $F = 1$ 加于结构,用矩阵位移法进行弹性阶段计算,求出相应的内力,其弯矩为 $\overline{M}_1$。第一个塑性铰必将出现在 $\left|\dfrac{M_u}{\overline{M}_1}\right|_{\min}$ 处,当其出现时荷载值为

$$F_1 = \left|\frac{M_u}{\overline{M}_1}\right|_{\min}$$

弯矩为

$$M_1 = F_1\overline{M}_1$$

以上是第一轮计算。

(2)将第一个塑性铰处改为铰结,结构降低了一次超静定,这便改变了结构的计算简图,因此必须相应地修改总刚。然后,令 $F = 1$ 进行第二轮计算(仍为弹性计算),求得弯矩为 $\overline{M}_2$。第二个塑性铰将出现在 $\left|\dfrac{M_u - M_1}{\overline{M}_2}\right|_{\min}$ 处,且当其出现时荷载增量为

$$\Delta F_2 = \left| \frac{M_u - M_1}{\bar{M}_2} \right|_{min}$$

弯矩增量为

$$\Delta M_2 = \Delta F_2 \bar{M}_2$$

这便是第二轮计算中荷载的增量和弯矩的增量。

第一、二轮累计,荷载和弯矩值为

$$F_2 = F_1 + \Delta F_2$$

$$M_2 = M_1 + \Delta M_2$$

（3）将第二个塑性铰处改为铰结,结构又降低了一次超静定,然后修改总刚。然后,令 $F = 1$ 作第三轮计算,求得 $\bar{M}_3$。同理,第三个塑性铰出现时荷载及弯矩值为

$$\Delta F_3 = \left| \frac{M_u - M_2}{\bar{M}_3} \right|_{min}$$

$$\Delta M_3 = \Delta F_3 \bar{M}_3$$

累计荷载及弯矩值为

$$F_3 = F_2 + \Delta F_3$$

$$M_3 = M_2 + \Delta M_3$$

（4）如此重复进行下去,若到第 n 轮,总刚成为奇异矩阵,则结构已成为机构,上一轮的累计荷载值 F_{n-1} 即为极限荷载 F_u。

最后需指出,以上每步都应计算各塑性铰处的相对转角,若发现产生反方向变形,则应恢复为刚结重算。

复习思考题

1. 什么叫极限状态和极限荷载? 什么叫极限弯矩、塑性铰和破坏机构?

2. 静定结构出现一个塑性铰时是否一定成为破坏机构? n 次超静定结构是否必须出现 $n + 1$ 个塑性铰才能成为破坏机构?

3. 结构处于极限状态时应满足哪些条件?

4. 什么叫可破坏荷载和可接受荷载? 它们与极限荷载的关系如何?

习　题

14-1　已知材料的屈服极限 $\sigma_s = 240$ MPa。试求下列截面的极限弯矩值:(a) 矩形截面 $b = 50$ mm,$h = 100$ mm;(b) 20a 工字钢;(c) 图示 T 形截面。

14-2　试求图示圆形截面及圆环形截面的极限弯矩。设材料的屈服极限为 σ_s。

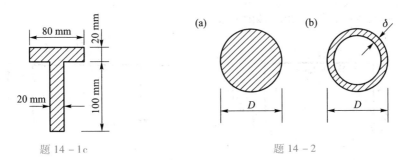

题 14 - 1c

题 14 - 2

14 - 3 试求等截面静定梁的极限荷载。已知 $a = 2$ m,$M_u = 300$ kN·m。

14 - 4 试求阶梯形变截面梁的极限荷载。

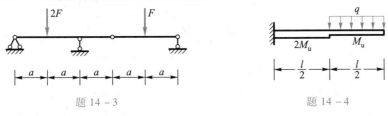

题 14 - 3

题 14 - 4

14 - 5、14 - 6 试求等截面梁的极限荷载。

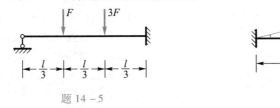

题 14 - 5

题 14 - 6

14 - 7、14 - 8 试求图示连续梁的极限荷载。

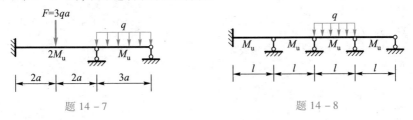

题 14 - 7

题 14 - 8

14 - 9 试求图示连续梁所需的截面极限弯矩值。已知安全系数 $K = 1.7$,并考虑:(a) 全梁为同一截面;(b) 左起第 1、2 跨为同一截面,而第 3 跨为另一截面。

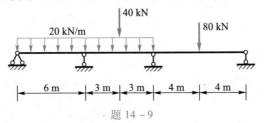

题 14 - 9

14-10、14-11 试求图示刚架的极限荷载。

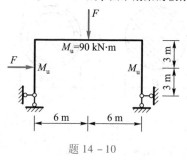

题 14-10

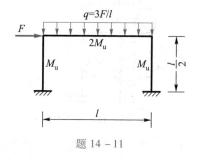

题 14-11

答 案

14-1 （a）30 kN·m，

（b）66.1 kN·m，

（c）27.4 kN·m

14-2 （a）$\sigma_s \dfrac{D^3}{6}$，

（b）$\sigma_s \dfrac{D^3}{6}\left[1-\left(1-\dfrac{2\delta}{D}\right)^3\right]$

14-3 $F_u = 200$ kN

14-4 $q_u = \dfrac{16}{3}\dfrac{M_u}{l^2}$

14-5 $F_u = \dfrac{15}{7}\dfrac{M_u}{l}$

14-6 $q_u = 18\sqrt{3}M_u/l^2$

14-7 $q_u = 1.167 M_u/a^2$

14-8 各无荷载跨不可能单独破坏，

$q_u = 16 M_u/l^2$

14-9 （a）181.3 kN·m；

（b）第 1、2 跨：127.5 kN·m，

第 3 跨：208.2 kN·m

14-10 $F_u = 40$ kN

14-11 极限状态时的破坏机构塑性铰出现在左柱下端、右柱两端及横梁中部 4 处。横梁上的塑性铰若近似取在中点处，可得极限荷载的偏大近似值为 $F_u = 6.4M_u/l$。精确解为横梁上塑性铰距左端 0.438 4l，$F_u = 6.34M_u/l$

*第十五章 悬索计算

§15−1 概述

　　悬索,在两个悬挂点之间承受荷载的缆索,它是悬索结构中的主要承重构件,一般采用高强度钢材制成。

　　悬索按一定规律组成各种不同形式的体系,并悬挂在相应的支承结构上。悬索在荷载等外因作用下各点只承受张力,且各点的张力都沿该点悬索的切线方向。悬索结构因而受力合理,能充分利用高强度钢材的优点,大大减轻结构自重,可以较经济地跨越很大的跨度。中国是世界上最早应用悬索结构的国家之一,在古代就曾用竹、藤等材料做吊桥跨越深谷。明朝成化年间(1465—1487 年)已用铁链建成霁虹桥。近代,悬索结构也已获得日益广泛的应用。例如电气化铁路与城市电车的接触网、悬索桥和悬索屋盖(图 15−1)等,都是利用悬索作为主要承重构件的结构。

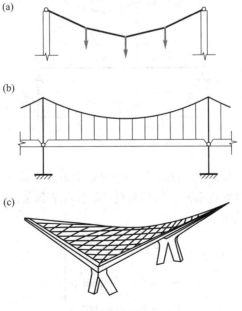

(a)

(b)

(c)

图 15−1

15−1 本章
学习要点

悬索是柔性构件。悬索的基本特征是其几何形状的可变性,即几何形状随所受荷载不同而变化,位移与外荷之间的关系呈非线性且变形较大。与杆件结构不同,在悬索的分析中,是按照变形后的几何形状和尺寸来建立平衡方程、求解内力及确定对应的几何形状和位置。

§15-2 集中荷载作用下的单根悬索计算

15-2 悬索结构实例

当悬索结构中的单根承重悬索受集中荷载作用时,集中荷载的数值通常远大于索的自重,相邻集中荷载作用点之间以及集中荷载作用点与索端点之间的索段非常接近直线,因而在计算中可忽略自重影响,将各索段视为直线。这样,各索段中张力可直接由静力平衡方程进行计算。

设悬索 AB 在竖向集中荷载 $F_1,F_2,\cdots,F_n$ 作用下的计算简图如图 15-2a 所示,图 15-2b 为其相应简支梁。将索端张力沿竖向及弦 AB 方向分解时,有

$$F'_{AV}=F^0_{AV}, \qquad F'_{BV}=F^0_{BV}, \qquad F'_R=\frac{M^0_C}{h}$$

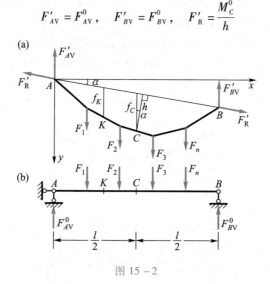

图 15-2

式中 F^0_{AV}、F^0_{BV} 为相应简支梁支座反力,M^0_C 为相应简支梁跨中截面弯矩,h 为悬索跨度中点到弦 AB 的垂直距离。然后再将 F'_R 沿水平和竖向分解,即可求得索端张力的水平与竖向分量为

$$\left.\begin{aligned} F_H &= F'_R\cos\alpha = \frac{M^0_C}{f_C} \\ F_{AV} &= F^0_{AV} + F_H\tan\alpha \\ F_{BV} &= F^0_{BV} - F_H\tan\alpha \end{aligned}\right\} \tag{15-1}$$

式中 f_c 为悬索跨度中点 C 到弦 AB 的竖直距离。显然,以上公式与斜三铰拱反力计算公式形式上相同,只不过在拱中 F_H 为压力,而在悬索中 F_H 为拉力。

实际上,若给定了悬索中任一点 K 到弦 AB 的竖直距离 f_K,索中张力的水平分量即可由下式确定

$$F_H = \frac{M_K^0}{f_K} \tag{15 –2}$$

式中 M_K^0 为相应简支梁 K 截面的弯矩。

在 F_H 求出后,由于它在各索段中为一常数,各索段的张力即可由各集中力作用点的平衡方程求得,并可确定各索段的几何位置。

例 15 –1　求图 15 –3a 所示悬索在集中荷载作用下各索段张力及几何位置。

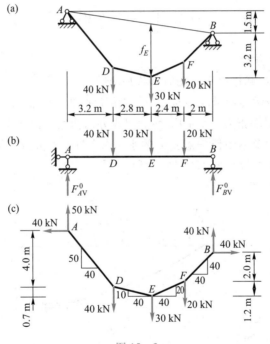

图 15 –3

解:图 15 –3a 给出了悬索 E 点到弦 AB 的竖直距离

$$f_E = 3.2 \text{ m} + \frac{1.5 \text{ m}}{10.4 \text{ m}} \times 4.4 \text{ m} = 3.835 \text{ m}$$

作相应简支梁如图 15 –3b 所示,由 $\Sigma M_A = 0$,

$$F_{BV}^0 = \frac{40 \text{ kN} \times 3.2 \text{ m} + 30 \text{ kN} \times 6 \text{ m} + 20 \text{ kN} \times 8.4 \text{ m}}{10.4 \text{ m}} = 45.77 \text{ kN}$$

$$M_E^0 = 45.77 \text{ kN} \times 4.4 \text{ m} - 20 \text{ kN} \times 2.4 \text{ m} = 153.39 \text{ kN} \cdot \text{m}$$

由式(15-2)得

$$F_H = \frac{M_E^0}{f_E} = \frac{153.39 \ \text{kN} \cdot \text{m}}{3.835 \ \text{m}} = 40 \ \text{kN}$$

由式(15-1)后两式求悬索 A、B 端张力竖向分量为

$$F_{AV}^0 = 40 \ \text{kN} + 30 \ \text{kN} + 20 \ \text{kN} - 45.77 \ \text{kN} = 44.23 \ \text{kN}$$

$$F_{AV} = F_{AV}^0 + F_H \tan \alpha = 44.23 \ \text{kN} + 40 \times \frac{1.5 \ \text{m}}{10.4 \ \text{m}} = 50 \ \text{kN}$$

$$F_{BV} = F_{BV}^0 - F_H \tan \alpha = 45.77 \ \text{kN} - 40 \times \frac{1.5 \ \text{m}}{10.4 \ \text{m}} = 40 \ \text{kN}$$

然后由端点(A 或 B)开始,依次考虑各结点处的平衡条件,就可求出以分量表示的各索段张力及几何位置,如图 15-3c 所示。

§15-3 分布荷载作用下的单根悬索计算

1. 平衡微分方程

悬索在分布荷载作用下的几何形状是曲线。

图 15-4a 表示竖向分布荷载 $q(x)$ 作用下的单根悬索 AB,其曲线可用函数 $y = y(x)$ 表示。两端张力 F_{TA} 与 F_{TB} 均沿切线方向作用。由于水平方向无荷载作用,可知索的两端及索中任一点张力的水平分量 F_H 为常量。取任一微段索 dx 为隔离体,其受力情况如图 15-4b 所示。

由 $\sum F_y = 0$ 可得

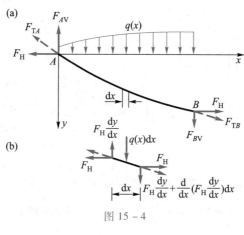

图 15-4

$$- F_H \frac{dy}{dx} + F_H \frac{dy}{dx} + \frac{d}{dx}\left(F_H \frac{dy}{dx}\right)dx + q(x)\,dx = 0$$

$$\frac{d}{dx}\left(F_H \frac{dy}{dx}\right)dx + q(x)\,dx = 0$$

即

$$F_H \frac{\mathrm{d}^2 y}{\mathrm{d}x^2} + q(x) = 0 \qquad (15-3)$$

式(15 –3)是单根悬索的基本平衡微分方程。

2. 常见分布荷载作用下平衡微分方程的解

(1) 沿跨度方向均布荷载 q 作用

如图15 –5所示,因 q = 常量,式(15 –3)可写成

$$\frac{\mathrm{d}^2 y}{\mathrm{d}x^2} = -\frac{q}{F_H}$$

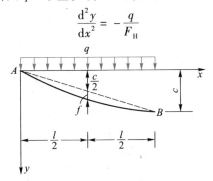

图 15 – 5

积分两次并根据边界条件可得

$$y = \frac{q}{2F_H}x(l-x) + \frac{c}{l}x \qquad (15-4)$$

为二次抛物线方程,但式中 F_H 仍为未知量。

通常给定悬索跨中垂度 f 作为控制值,即令

$$x = \frac{l}{2}时,\quad y = \frac{c}{2}+f$$

据此即可由式(15 –4)求得索中张力水平分量为

$$F_H = \frac{ql^2}{8f} \qquad (15-5)$$

并可得

$$y = \frac{c}{l}x + \frac{4fx(l-x)}{l^2} \qquad (15-6)$$

为一确定的二次抛物线方程,且式中右端第一项代表弦 AB 的直线方程,而第二项则代表以弦 AB 为基线的悬索曲线方程。当 AB 为一水平线时, $c = 0$,故第一项应为零,则有

$$y = \frac{4fx(l-x)}{l^2} \qquad (15-7)$$

当索曲线方程确定后,索中各点的张力为

$$F_{\mathrm{T}} = F_{\mathrm{H}} \sqrt{1 + \left(\frac{\mathrm{d}y}{\mathrm{d}x}\right)^2} \qquad (15-8)$$

当索较平坦时,例如当 $\frac{f}{l} \leqslant 0.1$ 时, $\left(\frac{\mathrm{d}y}{\mathrm{d}x}\right)^2$ 与 1 比较可略去不计,而近似地采用

$$F_{\mathrm{T}} = F_{\mathrm{H}} \qquad (15-9)$$

（2）沿索长度均布荷载 q

将 q 转化为沿跨度方向的等效均布荷载 q_y。由图 15-6,应有

$$q\mathrm{d}s = q_y \mathrm{d}x$$

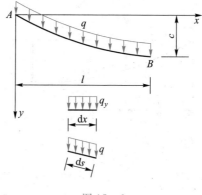

图 15-6

因此

$$q_y = q \frac{\mathrm{d}s}{\mathrm{d}x} = q \sqrt{1 + \left(\frac{\mathrm{d}y}{\mathrm{d}x}\right)^2}$$

将上式代入式(15-3)得

$$F_{\mathrm{H}} \frac{\mathrm{d}^2 y}{\mathrm{d}x^2} + q \sqrt{1 + \left(\frac{\mathrm{d}y}{\mathrm{d}x}\right)^2} = 0 \qquad (15-10)$$

写成

$$\frac{\mathrm{d}^2 y}{\mathrm{d}x^2} = -\frac{q}{F_{\mathrm{H}}} \sqrt{1 + \left(\frac{\mathrm{d}y}{\mathrm{d}x}\right)^2}$$

积分求解并根据边界条件可得

$$y = \frac{F_{\mathrm{H}}}{q} \left[\cosh \alpha - \cosh\left(\frac{2\beta}{l}x - \alpha\right) \right] \qquad (15-11)$$

式中

$$\alpha = \operatorname{arsinh}\left[\frac{\beta\left(\dfrac{c}{l}\right)}{\sinh \beta} \right] + \beta$$

$$\beta = \frac{ql}{2F_H}$$

当 AB 位于水平方向时,$c = 0$

$$\alpha = \beta = \frac{ql}{2F_H}$$

则有

$$y = \frac{F_H}{q}\Big[\cosh\alpha - \cosh\Big(\frac{q}{F_H}x - \alpha\Big) \Big] \tag{15-12}$$

若给定跨中垂度为 f,即当 $x = \dfrac{l}{2}$ 时,$y = f$,则可得

$$f = \frac{F_H}{q}(\cosh\alpha - 1) \tag{15-13}$$

据此算出 F_H 后,即可确定悬索曲线形状。式(15 – 11)与式(15 – 12)代表的曲线为悬链线。

当曲线比较平坦时,两端点位置相同且跨中垂度相同的抛物线与悬链线几乎是重合的,因而可以用较简单的抛物线代替较复杂的悬链线,即可以把沿索长度的均布荷载折算成沿跨度的均布荷载进行计算。

3. 任意分布荷载作用下平衡微分方程的解——梁比拟法

比较任意分布荷载作用下悬索平衡微分方程(15 – 3)和梁的平衡微分方程

$$\frac{\mathrm{d}^2 M}{\mathrm{d}x^2} + q(x) = 0$$

可见二者形式完全相同,变量 y 与 M 相互对应,仅相差一常量 F_H。若两者具有相同的边界条件,则可建立如下的关系式:

$$F_H y(x) = M(x)$$

由此得

$$y(x) = \frac{M(x)}{F_H} \tag{15-14}$$

对于两端支座位于同一水平线的悬索,其两端边界条件与其相应简支梁弯矩图相同,由图 15 – 7a、b 可知:

悬索 AB $x = 0$ 时, $y = 0$

                                $x = l$ 时, $y = 0$

相应简支梁 AB $x = 0$ 时, $M = 0$

                                $x = l$ 时, $M = 0$

对于两端支座高差为 c 的悬索(图 15 – 8a),若在相应简支梁的一端加上集中力偶矩 $F_H c$(图 15 – 8b),y 与 M 也可得到相同的边界条件,即

悬索 AB $x = 0$ 时, $y = 0$

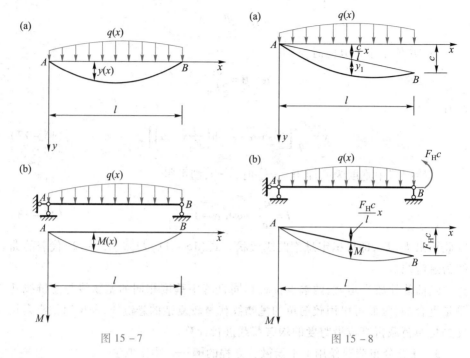

图 15 – 7　　　　　　　　　　图 15 – 8

$$x = l \text{ 时,} \quad y = c$$

相应简支梁 AB 　　　　　　$x = 0 \text{ 时,} \quad M = 0$

$$x = l \text{ 时,} \quad M = F_H c$$

由此可见,任意分布荷载作用下悬索曲线的形状与相应简支梁弯矩图的形状完全相似。对于两端等高的悬索曲线,可由式(15 – 14)直接计算;对于两端支座高差为 c 的悬索,式(15 – 14)中的 $M(x)$ 应是分布荷载 $q(x)$ 与集中力偶矩 $F_H c$ 共同作用下相应简支梁的弯矩图。式(15 – 14)可写成

$$y(x) = \frac{M(x) + \dfrac{F_H c}{l}x}{F_H}$$

即

$$y(x) = \frac{M(x)}{F_H} + \frac{c}{l}x \qquad (15 – 15)$$

上式右端第二项代表悬索支座连线 AB 的竖标,第一项代表以弦 AB 为基线的悬索曲线竖标 $y_1(x)$,即

$$y_1(x) = \frac{M(x)}{F_H} \qquad (15 – 16)$$

由式(15 – 14)与(15 – 16)可得出如下结论:即如果用两支座连线作为悬索曲线竖向坐标的基线,不论两支座等高与否,悬索曲线的形状与相应简支梁弯矩图形

状相似,任意点竖标之比值为常数 F_H。

4. 悬索长度的计算

由图 15 –9 所示悬索 *AB* 中取一微分单元 ds,其长度计算式应为

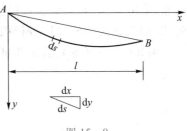

图 15 –9

$$ds = \sqrt{dx^2 + dy^2} = \sqrt{1 + \left(\frac{dy}{dx}\right)^2}\,dx$$

由积分可求得整根悬索 *AB* 的长度

$$s = \int_A^B ds = \int_0^l \sqrt{1 + \left(\frac{dy}{dx}\right)^2}\,dx \tag{15 – 17}$$

若将 $\sqrt{1 + \left(\frac{dy}{dx}\right)^2}$ 按级数展开为

$$\sqrt{1 + \left(\frac{dy}{dx}\right)^2} = 1 + \frac{1}{2}\left(\frac{dy}{dx}\right)^2 - \frac{1}{8}\left(\frac{dy}{dx}\right)^4 + \frac{1}{16}\left(\frac{dy}{dx}\right)^6 - \frac{5}{128}\left(\frac{dy}{dx}\right)^8 + \cdots$$

则可根据悬索垂度的大小,取有限项积分,即可达到所需的精度,例如取两项时

$$s = \int_0^l \left[1 + \frac{1}{2}\left(\frac{dy}{dx}\right)^2 \right] dx \tag{15 – 18}$$

而取三项时

$$s = \int_0^l \left[1 + \frac{1}{2}\left(\frac{dy}{dx}\right)^2 - \frac{1}{8}\left(\frac{dy}{dx}\right)^4 \right] dx \tag{15 – 19}$$

例 15 –2　试求形状为抛物线的悬索(参见图 15 –5)长度。

解：设抛物线悬索方程为式(15 –6),即

$$y = \frac{c}{l}x + \frac{4fx(l - x)}{l^2} \tag{a}$$

$$\frac{dy}{dx} = \frac{c + 4f}{l} - \frac{8f}{l^2}x \tag{b}$$

将式(b)代入式(15 –18)积分可得悬索长度为

$$s = l\left(1 + \frac{c^2}{2l^2} + \frac{8f^2}{3l^2} \right) \tag{c}$$

将式(b)代入式(15 –19)积分可得

$$s = l\left(1 + \frac{c^2}{2l^2} - \frac{c^4}{8l^4} + \frac{8f^2}{3l^2} - \frac{32f^4}{5l^4} - \frac{4c^2f^2}{l^4} \right) \tag{d}$$

式(c)与式(d)分别为取级数展开式二项及三项的积分结果。对于 $\frac{f}{l} \le 0.1$ 的

悬索,采用式(d)计算索长可以达到很高的精度。若需悬索长度精确数值,则需将式(b)代入式(15-17)进行积分计算。

由式(c)还可研究悬索长度与垂度变化的关系。当两支座等高时,式(c)成为

$$s = l\left(1 + \frac{8f^2}{3l^2}\right) \tag{e}$$

$$\frac{\mathrm{d}s}{\mathrm{d}f} = \frac{16f}{3l}$$

$$\mathrm{d}f = \frac{3}{16}\frac{l}{f}\mathrm{d}s$$

即

$$\Delta f = \frac{3}{16}\frac{l}{f}\Delta s \tag{f}$$

由式(f)可见,当垂跨比$\frac{f}{l}$较小时,垂度变化值将大于悬索长度变化值,例如当$\frac{f}{l} = 0.1$时,由式(f)可得

$$\Delta f = 1.875\Delta s \tag{g}$$

即垂度变化将比索长度变化约大1倍。

§15-4   悬索的变形协调方程及初态终态问题求解

1. 悬索的变形协调方程

计算悬索实际问题的一般模式为:给定一初始状态,在此状态中,悬索承受荷载q_0、位置y_0和内力F_{H0}均已知,求荷载产生增量Δq时,即荷载在最终状态成为$q = q_0 + \Delta q$时,悬索的位置y与内力F_H。

悬索的平衡微分方程及其解虽然建立了某一特定状态的q、y与F_H三者的关系,但是并未考虑状态的变化过程,因而无法解决上述实际计算问题。从数学的角度看,要求解y与F_H两个未知量,只有一个平衡方程也是不够的,必须补充一个悬索由初始状态过渡到最终状态过程中,反映内力与位移变化关系的变形协调方程。

如图15-10所示,悬索初始位置为AB,最终位置为$A'B'$,左、右两端位移分别为u_L, v_L和u_R, v_R。若外因中包含有温度变化,并已知悬索在位移过程中的温度变化值为Δt。现考察初始状态悬索中任一微段mn,其长度为$\mathrm{d}s_0$,在最终状

态其位置为 $m'n'$，长度变为 ds。由几何关系知

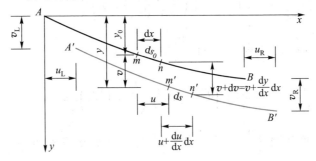

图 15 − 10

$$ds_0 = \sqrt{dx^2 + dy_0^2} = \sqrt{1 + \left(\frac{dy_0}{dx}\right)^2}\,dx$$

$$ds = \sqrt{(dx + du)^2 + dy^2} = \sqrt{\left(1 + \frac{du}{dx}\right)^2 + \left(\frac{dy}{dx}\right)^2}\,dx$$

$$= \sqrt{1 + 2\frac{du}{dx} + \left(\frac{du}{dx}\right)^2 + \left(\frac{dy}{dx}\right)^2}\,dx \approx \sqrt{1 + 2\frac{du}{dx} + \left(\frac{dy}{dx}\right)^2}\,dx$$

上式中略去 $\left(\dfrac{du}{dx}\right)^2$，是因为它与 1 相比是高阶微量。

所考察悬索微分单元长度改变值为

$$ds - ds_0 = \sqrt{1 + 2\frac{du}{dx} + \left(\frac{dy}{dx}\right)^2}\,dx - \sqrt{1 + \left(\frac{dy_0}{dx}\right)^2}\,dx$$

对于小垂度问题，$\left(\dfrac{dy}{dx}\right)^2$ 和 $\left(\dfrac{dy_0}{dx}\right)^2$ 均远小于 1，可将上式中的根号按级数展开，并仅取两项时可得

$$ds - ds_0 = \left[\frac{du}{dx} + \frac{1}{2}\left(\frac{dy}{dx}\right)^2 - \frac{1}{2}\left(\frac{dy_0}{dx}\right)^2\right]dx$$

整根悬索总伸长量则应为

$$\Delta s = \int_A^B (ds - ds_0) = \int_0^l \left[\frac{du}{dx} + \frac{1}{2}\left(\frac{dy}{dx}\right)^2 - \frac{1}{2}\left(\frac{dy_0}{dx}\right)^2\right]dx$$

$$= u_R - u_L + \frac{1}{2}\int_0^l \left[\left(\frac{dy}{dx}\right)^2 - \left(\frac{dy_0}{dx}\right)^2\right]dx \qquad (a)$$

式中 u_R 与 u_L 分别代表悬索右端点 B 与左端点 A 的支座水平位移值。如果将 $y = y_0 + v$ 代入式（a）右端的积分函数内，则可得

$$\Delta s = u_R - u_L + \int_0^l \left[\frac{dy_0}{dx}\frac{dv}{dx} + \frac{1}{2}\left(\frac{dv}{dx}\right)^2\right]dx \qquad (b)$$

另一方面，悬索伸长是由悬索内力增量和温度变化引起的，即

$$\Delta s = \int_A^B \left(\frac{\Delta F_T}{EA} + \alpha \Delta t \right) ds_0 = \int_0^l \left(\frac{\Delta F_H}{EA} \frac{ds_0}{dx} + \alpha \Delta t \right) \frac{ds_0}{dx} dx$$

$$= \frac{\Delta F_H}{EA} \int_0^l \left(\frac{ds_0}{dx} \right)^2 dx + \alpha \Delta t \int_0^l \frac{ds_0}{dx} dx$$

$$= \frac{\Delta F_H}{EA} \int_0^l \left[1 + \left(\frac{dy_0}{dx} \right)^2 \right] dx + \alpha \Delta t \int_0^l \sqrt{1 + \left(\frac{dy_0}{dx} \right)^2} dx \qquad (c)$$

对于小垂度问题，$\left(\dfrac{dy_0}{dx} \right)^2$ 与 1 相比是微量，可略去，于是可得

$$\Delta s = \frac{\Delta F_H}{EA} l + \alpha \Delta t l = \frac{F_H - F_{H0}}{EA} l + \alpha \Delta t l \qquad (d)$$

由式（a）或（b）与（d）相等并移项后可得

$$\frac{F_H - F_{H0}}{EA} l = u_R - u_L + \frac{1}{2} \int_0^l \left[\left(\frac{dy}{dx} \right)^2 - \left(\frac{dy_0}{dx} \right)^2 \right] dx - \alpha \Delta t l \qquad (15-20)$$

或

$$\frac{F_H - F_{H0}}{EA} l = u_R - u_L + \int_0^l \left[\frac{dy_0}{dx} \frac{dv}{dx} + \frac{1}{2} \left(\frac{dv}{dx} \right)^2 \right] dx - \alpha \Delta t l \qquad (15-21)$$

式（15-20）与（15-21）即是悬索的变形协调方程。式中 α 为钢索的线膨胀系数。由于计算中采用了式（d）代替式（c），因而仅当 $\dfrac{f}{l} \leqslant 0.1$ 时，才能得到较高的计算精度。

2. 单根悬索初态终态问题的求解

设悬索在初始状态时的荷载 q_0，悬索曲线形状函数 y_0 和初始内力 F_{H0} 均已知时，据式（15-15）应有

$$y_0 = \frac{M_0(x)}{F_{H0}} + \frac{c_0}{l} x \qquad (e)$$

式中 $M_0(x)$ 为 q_0 作用下相应简支梁的弯矩。c_0 为悬索两端支座高差。

当荷载变化为 $q = q_0 + \Delta q$ 后，悬索过渡到最终状态，此时悬索的内力 F_H 和悬索曲线形状函数 y 必须满足变形协调条件式（15-20）和最终状态的平衡条件

$$F_H - F_{H0} = \frac{EA}{2l} \int_0^l \left[\left(\frac{dy}{dx} \right)^2 - \left(\frac{dy_0}{dx} \right)^2 \right] dx + EA \frac{u_R - u_L}{l} - EA \alpha \Delta t l \qquad (f)$$

$$y = \frac{M(x)}{F_H} + \frac{c}{l} x \qquad (g)$$

式中 $M(x)$ 为 q 作用下相应简支梁弯矩，c 为终止状态悬索两端支座高差。

由式（e）、（f）和（g）三式即可解出未知量 F_H 和 y。具体解法如下：

微分式(e)与(g)可得

$$\frac{dy_0}{dx} = \frac{F_{S0}}{F_{H0}} + \frac{c_0}{l} \tag{h}$$

$$\frac{dy}{dx} = \frac{F_S}{F_H} + \frac{c}{l} \tag{i}$$

式中 F_{S0} 与 F_S 分别为初始状态与最终状态中相应简支梁的剪力。

将式(h)与(i)代入式(f)可得

$$F_H - F_{H0} = \frac{EA}{2l} \left[\int_0^l \frac{F_S^2}{F_H^2} dx - \int_0^l \frac{F_{S0}^2}{F_{H0}^2} dx \right] + EA \frac{c^2 - c_0^2}{2l^2} + EA \frac{u_R - u_L}{l} - EA\alpha\Delta t \tag{j}$$

设

$$\int_0^l F_S^2 dx = D \tag{k}$$

$$\int_0^l F_{S0}^2 dx = D_0 \tag{l}$$

则可得

$$F_H - F_{H0} = \frac{EA}{2l} \left(\frac{D}{F_H^2} - \frac{D_0}{F_{H0}^2} \right) + EA \frac{c^2 - c_0^2}{2l^2} + EA \frac{u_R - u_L}{l} - EA\alpha\Delta t \tag{15 – 22}$$

上式是以 F_H 为未知量的三次方程,由此可解得 F_H,然后由式(g)即可求得 y。

求解 F_H 的方程式(15 – 22)是非线性的。因为与悬索的初始垂度相比,悬索在荷载增量作用下产生的竖向位移通常不是微量,故悬索的平衡方程不能按变形前的初始位置来建立,而必须考虑悬索曲线形状随荷载变化而产生的改变,按变形后的新几何位置来建立平衡方程。这就形成了悬索计算理论几何非线性的固有特点。因此,在求解悬索问题时,初始状态必须给定。如果在不同的初始状态上施加相同的荷载增量时,内力与垂度的变化将各不相同。

在解方程(15 – 22)时,支座位移 u_R、u_L 和温度变化均需给定。若支座位移的大小与待求的索内力有关时,则还需与支承结构的刚度方程联立求解,或用试算法来确定支座位移。

现在来推导均布荷载作用下,小垂度抛物线悬索内力的计算公式。

因悬索仅承受均布荷载作用而无支座位移和温度变化,故其初始状态和最终状态下的长度由例15 – 2 中式(c)可得

$$s_0 = l \left(1 + \frac{c^2}{2l^2} + \frac{8f_0^2}{3l^2} \right)$$

$$s = l \left(1 + \frac{c^2}{2l^2} + \frac{8f^2}{3l^2} \right)$$

悬索的长度变化值为

$$\Delta s = s - s_0 = \frac{8}{3}\frac{f^2 - f_0^2}{l}$$

于是悬索的变形协调方程为

$$\frac{F_H - F_{H0}}{EA}l = \frac{8}{3}\frac{f^2 - f_0^2}{l} \tag{m}$$

而平衡方程分别为

$$f_0 = \frac{q_0 l^2}{8F_{H0}} \tag{n}$$

$$f = \frac{q l^2}{8F_H} \tag{o}$$

将式(n)和(o)代入式(m)可得

$$F_H - F_{H0} = \frac{EAl^2}{24}\left(\frac{q^2}{F_H^2} - \frac{q_0^2}{F_{H0}^2}\right) \tag{15-23}$$

即是均布荷载作用下求解悬索内力水平分量 F_H 的三次方程式。写成等式两边均有未知量 F_H 的形式是为了便于用迭代法解题。

例 15-3　现有承受均布荷载抛物线悬索,已知 $A = 67.4 \ mm^2$, $E = 166.6 \ GPa$, $l = 8 \ m$, $q_0 = 0.4 \ kN/m$, $F_{H0} = 20 \ kN$, $q = 1.0 \ kN/m$。试求悬索最终状态水平张力 F_H 及跨中垂度增量。

解:将已知数据代入式(15-23)并经整理后得

$$F_H^3 - 8.02 \ kN \cdot F_H^2 - 29\ 946.67 \ kN^3 = 0$$

将此方程改写成如下的迭代形式

$$F_H = \sqrt{\frac{29\ 946.67 \ kN^3}{F_H - 8.02 \ kN}}$$

先根据 F_{H0} 估计一个 F_H 初值代入上式试算,经过几轮迭代后,即可求得 $F_H = 33.97 \ kN$。

悬索在初始和最终状态的跨中垂度分别为

$$f_0 = \frac{q_0 l^2}{8F_{H0}} = \frac{0.4 \ kN/m \times (8 \ m)^2}{8 \times 20 \ kN} = 0.160 \ m$$

$$f = \frac{q l^2}{8F_H} = \frac{1.0 \ kN/m \times (8 \ m)^2}{8 \times 33.97 \ kN} = 0.236 \ m$$

跨中垂度增量

$$\Delta f = f - f_0 = 0.236 \ m - 0.160 \ m = 0.076 \ m$$

§15 – 5　悬索体系的计算

悬索体系由多根悬索组成,通常采用位移法进行计算,即是以索系之结点位移作为基本未知量,以结点间的索段作为计算单元,通过结点平衡条件建立典型方程,从而求解结点位移,最后求出各索段的内力。由于此法可以计算任何形状和复杂程度的悬索体系,因而在实际工程中得到广泛的应用。

1. 位移法的基本假定

(1) 悬索的应力与应变保持线性关系。

(2) 索系仅承受结点集中荷载作用,相邻结点间的索段均为直线。当悬索承受结点间分布荷载作用时,可按静力等效原则移置到结点上。

与前面计算不同的是,用位移法计算悬索体系时不受小垂度问题的限制,而且可以承受任何方向的荷载。

2. 位移法的典型方程

图 15 – 11 表示空间悬索体系中一典型结点的初始位置 $i_0(x_i \smallsetminus y_i \smallsetminus z_i)$,承受的结点集中力为 $F_{xi}^0 \smallsetminus F_{yi}^0 \smallsetminus F_{zi}^0$ 。而汇交于此结点之悬索根数为 n 。各索段之张力分别为 $F_{Ti1}^0, F_{Ti2}^0, \cdots, F_{Tin}^0$ 。当此结点上的集中力分别改变为 F_{xi}, F_{yi}, F_{zi} 时,结点位置则为 $i(x_i + u_i, y_i + v_i, z_i + w_i)$,各索段之张力也相应地改变为 F_{Ti1} , $F_{Ti2}, \cdots, F_{Tin}$ 。

设 j 为任一索段之远端结点,如图 15 – 12 所示,当结点 i 发生位移为 $u_i \smallsetminus v_i \smallsetminus w_i$ 时,结点 j 也由其初始位置 $j_0(x_j, y_j, w_j)$ 移至位置 $j(x_j + u_j, y_j + v_j, z_j + w_j)$ 。

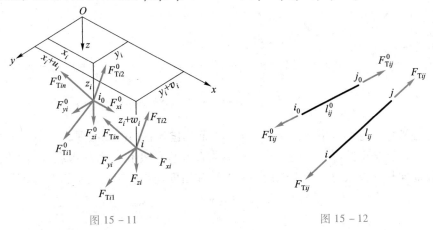

图 15 – 11　　　　　　　　　　　图 15 – 12

设初始状态时结点上无外荷作用,由结点 i 的平衡条件有

$$\sum^{j} \frac{F_{Tij}^{0}}{l_{ij}^{0}}(x_j - x_i) = 0$$

$$\sum^{j} \frac{F_{Tij}^{0}}{l_{ij}^{0}}(y_j - y_i) = 0 \tag{15-24}$$

$$\sum^{j} \frac{F_{Tij}^{0}}{l_{ij}^{0}}(z_j - z_i) = 0$$

索段 ij 之初始长度 l_{ij}^{0} 可按下式计算：

$$l_{ij}^{0} = \sqrt{(x_j - x_i)^2 + (y_j - y_i)^2 + (z_j - z_i)^2} \tag{15-25}$$

当结点承受荷载时，对于同一结点 i，平衡条件可写成

$$\sum^{j} \left[\frac{F_{Tij}}{l_{ij}}(x_j + u_j - x_i - u_i) \right] + F_{xi} = 0$$

$$\sum^{j} \left[\frac{F_{Tij}}{l_{ij}}(y_j + v_j - y_i - v_i) \right] + F_{yi} = 0 \tag{15-26}$$

$$\sum^{j} \left[\frac{F_{Tij}}{l_{ij}}(z_j + w_j - z_i - w_i) \right] + F_{zi} = 0$$

式中 F_{xi}、F_{yi}、F_{zi} 分别为作用在结点 i 的 3 个集中结点荷载分量。而在最终状态时索段 ij 的长度 l_{ij} 应由下式确定：

$$l_{ij} = \sqrt{(x_j + u_j - x_i - u_i)^2 + (y_j + v_j - y_i - v_i)^2 + (z_j + w_j - z_i - w_i)^2} \tag{15-27}$$

将式（15-27）根号内各项展开，并将式（15-25）代入，经整理后可得

$$l_{ij} = l_{ij}^{0}\sqrt{1 + 2a_{ij} + b_{ij}} \tag{a}$$

式中

$$a_{ij} = \frac{1}{(l_{ij}^{0})^2} [(x_j - x_i)(u_j - u_i) + (y_j - y_i)(v_j - v_i) + (z_j - z_i)(w_j - w_i)] \tag{b}$$

$$b_{ij} = \frac{1}{(l_{ij}^{0})^2} [(u_j - u_i)^2 + (v_j - v_i)^2 + (w_j - w_i)^2] \tag{c}$$

注意参数 a_{ij} 包含位移 u,v,w 的一次项，而 b_{ij} 包含它们的二次项。

以上是由结点位置的变化来计算索段长度的变化。而从物理方面考察，索段的伸长是由张力变化引起的弹性变形和温度变化引起的变形而产生，即

$$l_{ij} - l_{ij}^{0} = \frac{F_{Tij} - F_{Tij}^{0}}{EA_{ij}} l_{ij}^{0} + \alpha \Delta t l_{ij}^{0}$$

或写成

$$F_{Tij} - F_{Tij}^{0} = EA_{ij} \left(\frac{l_{ij}}{l_{ij}^{0}} - 1 \right) - EA_{ij} a \Delta t \tag{d}$$

式中 A_{ij} 为索段 ij 的横截面积，Δt 为温度改变值，α 为线膨胀系数。

将式(a)右边的根式按泰勒级数展开：

$$l_{ij} = l_{ij}^0 \left(1 + a_{ij} + \frac{1}{2} b_{ij} - \frac{1}{2} a_{ij}^2 - \frac{1}{2} a_{ij} b_{ij} - \frac{1}{4} b_{ij}^2 + \frac{1}{2} a_{ij}^3 + \cdots \right)$$

并代入式(d)，可得

$$F_{\mathrm{T}ij} = F_{\mathrm{T}ij}^0 + EA_{ij} \left(a_{ij} + \frac{1}{2} b_{ij} - \frac{1}{2} a_{ij}^2 - \frac{1}{2} a_{ij} b_{ij} - \frac{1}{4} b_{ij}^2 + \frac{1}{2} a_{ij}^3 + \cdots \right) - EA_{ij}\alpha\Delta t$$

$$(15 - 28)$$

式(15 –28)是用位移表示索段在最终状态时张力的表达式。

由式(a)还可得

$$\frac{1}{l_{ij}} = \frac{1}{l_{ij}^0} \left(1 + 2a_{ij} + b_{ij} \right)^{-\frac{1}{2}}$$

将上式右侧的根式展开成级数，可得

$$\frac{1}{l_{ij}} = \frac{1}{l_{ij}^0} \left(1 - a_{ij} - \frac{1}{2} b_{ij} + \frac{3}{2} a_{ij}^2 + \frac{3}{2} a_{ij} b_{ij} + \frac{3}{8} b_{ij}^2 - \frac{5}{2} a_{ij}^3 + \cdots \right) \qquad (\mathrm{e})$$

将式(15 –28)和式(e)代入平衡方程(15 –26)，并考虑式(15 –24)，经整理后得

$$
\left.
\begin{aligned}
& F_{xi} - \sum^{j} \frac{EA_{ij}\alpha\Delta t}{l_{ij}^0}(x_j - x_i) - R_{ix} \\
& = - \sum^{j} \left[\frac{F_{\mathrm{T}ij}^0 - EA_{ij}\alpha\Delta t}{l_{ij}^0}(u_j - u_i) + \frac{EA_{ij} - F_{\mathrm{T}ij}^0 + EA_{ij}\alpha\Delta t}{l_{ij}^0}(x_j - x_i) a_{ij} \right] \\
& F_{yi} - \sum^{j} \frac{EA_{ij}\alpha\Delta t}{l_{ij}^0}(y_j - y_i) - R_{iy} \\
& = - \sum^{j} \left[\frac{F_{\mathrm{T}ij}^0 - EA_{ij}\alpha\Delta t}{l_{ij}^0}(v_j - v_i) + \frac{EA_{ij} - F_{\mathrm{T}ij}^0 + EA_{ij}\alpha\Delta t}{l_{ij}^0}(y_j - y_i) a_{ij} \right] \\
& F_{zi} - \sum^{j} \frac{EA_{ij}\alpha\Delta t}{l_{ij}^0}(z_j - z_i) - R_{iz} \\
& = - \sum^{j} \left[\frac{F_{\mathrm{T}ij}^0 - EA_{ij}\alpha\Delta t}{l_{ij}^0}(w_j - w_i) + \frac{EA_{ij} - F_{\mathrm{T}ij}^0 + EA_{ij}\alpha\Delta t}{l_{ij}^0}(z_j - z_i) a_{ij} \right] \\
& \qquad\qquad (i = 1, 2, 3, \cdots, N)
\end{aligned}
\right\}
$$

$$(15 - 29)$$

式中 N 为悬索体系结点数。

$$R_{ix} = \sum^{j} \frac{EA_{ij} - F^0_{Tij} + EA_{ij}\alpha\Delta t}{l^0_{ij}} \left[(u_j - u_i)\left(a_{ij} + \frac{1}{2}b_{ij} - \frac{3}{2}a^2_{ij} \right) + \right.$$
$$\left. (x_j - x_i)\left(\frac{1}{2}b_{ij} - \frac{3}{2}a^2_{ij} - \frac{3}{2}a_{ij}b_{ij} + \frac{5}{2}a^3_{ij} \right) \right]$$

$$R_{iy} = \sum^{j} \frac{EA_{ij} - F^0_{Tij} + EA_{ij}\alpha\Delta t}{l^0_{ij}} \left[(v_j - v_i)\left(a_{ij} + \frac{1}{2}b_{ij} - \frac{3}{2}a^2_{ij} \right) + \right.$$
$$\left. (y_j - y_i)\left(\frac{1}{2}b_{ij} - \frac{3}{2}a^2_{ij} - \frac{3}{2}a_{ij}b_{ij} + \frac{5}{2}a^3_{ij} \right) \right]$$

$$R_{iz} = \sum^{j} \frac{EA_{ij} - F^0_{Tij} + EA_{ij}\alpha\Delta t}{l^0_{ij}} \left[(w_j - w_i)\left(a_{ij} + \frac{1}{2}b_{ij} - \frac{3}{2}a^2_{ij} \right) + \right.$$
$$\left. (z_j - z_i)\left(\frac{1}{2}b_{ij} - \frac{3}{2}a^2_{ij} - \frac{3}{2}a_{ij}b_{ij} + \frac{5}{2}a^3_{ij} \right) \right]$$

$$(15-30)$$

式(15 – 29)就是悬索体系位移法典型方程。在整理过程中,在方程式的右侧仅保留各位移分量的线性项,而将其所有非线性项集中在一起,用 R_{ix}、R_{iy}、R_{iz} 来代表,并置于方程式等号的左端。此外,在 R_{ix}、R_{iy}、R_{iz} 的表达式(15 – 30)中,保留了位移分量的二次项和三次项,而忽略了四次及四次以上的项,这通常已能保证足够的计算精度。

每个结点可列出三个平衡方程。对于支座为刚性且具有 N 个中间结点的悬索体系,共有 $3N$ 个平衡方程,其中包含 $3N$ 个未知结点位移分量。在求出各结点位移分量后,代入式(15 – 28),即可求出各索段内的张力。

式(15 – 29)可写成矩阵的形式:

$$\boldsymbol{F} - \boldsymbol{R} = \boldsymbol{K}\boldsymbol{\Delta} \tag{15 – 31}$$

式中

$\boldsymbol{F}$ 为结点荷载列向量。方程(15 – 29)等号左侧第二项温度变化的影响应计入这一项内;

$\boldsymbol{R}$ 为未知位移的非线性项,即方程(15 – 29)等号左侧第三项组成的列向量;

$\boldsymbol{K}$ 为体系的线性工作部分的刚度矩阵。即方程(15 – 29)右侧位移线性项的系数所组成的矩阵;

$\boldsymbol{\Delta}$ 为未知结点位移分量的列向量。

刚度矩阵 $\boldsymbol{K}$ 对于空间悬索体系是 $3N \times 3N$ 阶,对于平面悬索体系是 $2N \times 2N$ 阶。列向量 $\boldsymbol{F}$、$\boldsymbol{R}$、$\boldsymbol{\Delta}$ 相应地为 $3N \times 1$ 或 $2N \times 1$ 阶。

3. 位移法典型方程的求解

典型方程(15 – 29)或(15 – 31)是非线性的,一般须应用迭代法求解。上列方程已将未知位移分量的二次以上项全部移到方程式的左侧,成为便于迭代运算的形式。

为了加速迭代运算的收敛和得到较精确的结果,一般采取两项措施:一是分级加载,即将荷载分为若干级,然后逐级加载,并算出相应的位移增量,一直到加完全部荷载,解算出全部位移分量;二是在每一迭代循环中均利用上一轮循环的计算结果对刚度矩阵 K 进行修正,即根据位移值修正体系各结点的坐标、各索段的长度和内力,得出方程(15 −31)右侧各系数的新值,这种系数组成的刚度矩阵也称为瞬时刚度矩阵。

位移法典型方程具体的求解步骤是:

(1) 选择适当的荷载分级数。即用一正整数 m 除结点荷载列向量 F。

(2) 将 $\dfrac{F}{m}$ 荷载加于悬索体系。

(3) 应用迭代法对式(15 −29)或(15 −31)进行求解。即将第 $k−1$ 轮迭代运算的解答代入第 k 轮迭代运算的非线性项 R 中,并计算每一轮迭代运算的瞬时刚度矩阵。在进行第一轮迭代运算时(即 $k=1$),则略去非线性项的影响。迭代运算重复进行到满足预定的收敛标准

$$|\Delta_i^k − \Delta_i^{k−1}| < \varepsilon \quad (i = 1,2,3,\cdots,N) \qquad (15−32)$$

即可停止。

式(15 −32)的左端为相邻两轮迭代运算所得各结点位移分量之差,右端 ε 为根据精度要求规定的小数值。

若迭代运算不收敛,则需增大 m 值,即减小每次加载的数值,重复(1) ~ (3)步运算,直至收敛为止。由于荷载增量减小,位移增量也随其减小,故满足收敛标准的可能性随其提高。

(4) 重复(2)、(3)两步运算,直至全部荷载加到悬索体系上,求出全部结点位移分量。

本节介绍的位移法是计算悬索体系的一种较精确的方法,因为它排除了小垂度假设的限制,而且在计算公式中取到了位移分量的三次项,并可通过求解典型方程组一举求出所有结点的位移和全部索段的内力。但是,由于迭代运算的工作量巨大,如果悬索体系的支承结构或边缘构件不是刚性的,必须考虑其弹性位移的影响时,还要增加索端张力与支座位移之间的迭代循环;另外,如果悬索体系的结点较多,未知位移分量的数目可能很大。例如,x 和 y 方向各有 20 根悬索的屋盖是一个不大的索网,而结点数就达 400,位移分量数达 1 200,刚度矩阵的阶数达 1 200 × 1 200。因此,这种方法在实际运用时必须采用计算机进行,并且在编制程序时注意选用较精确而有效的求解方程组的计算方法。

例 15 −4   图 15 −13 所示平面悬索横截面积 $A = 548 \text{ mm}^2$,弹性模量 $E = 154 \text{ GPa}$,重 47.03 N/m,应用位移法计算时将该索分为 10 段,索自重移置至各

结点上,按照初始状态设定垂跨比为 $\frac{1}{10}$,已知各索段水平张力 $F_{H0} = 17.78$ kN,

相应的结点荷载、各结点坐标及各索段内力如图 15 – 13a 所示。现需求在结点

4 上悬挂 35.56 kN 荷载时,各结点的位移分量和各索段的内力。

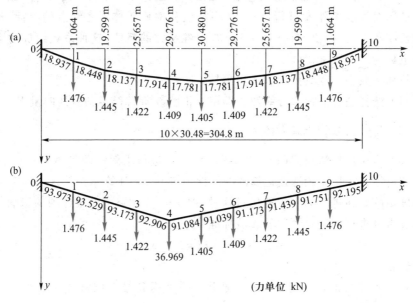

图 15 – 13

解：因为是平面索系,结点数为 9,位移分量数为 18,刚度矩阵的阶数为

18×18。现选用荷载分级数 $m = 160$,精度要求限值 $\varepsilon = 0.3 \times 10^{-3}$ m。按式(15 – 29)

求解。当第一个分级荷载加到结点 4 时,进行 8 轮迭代运算后即收敛。迭代轮数随

分级荷载的增加而逐步减少。当最后一个分级荷载加到索系时,只迭代 2 轮即

收敛。所求得的各结点沿 x 和 y 方向的位移分量列于下表,据此而求得的各索

段内力则列于图 15 – 13b 上。

结点 位移/m	1	2	3	4	5	6	7	8	9
u	0.515	0.429	– 0.083	– 0.845	– 1.123	– 1.475	– 1.718	– 1.673	– 1.160
v	– 1.423	– 1.003	1.285	5.471	– 0.233	– 3.995	– 5.834	– 5.771	– 3.821

复习思考题

1. 悬索的受力与变形有什么特点？为什么它的平衡方程要按其变形后的几何尺寸与位置来建立？

2. 集中荷载作用下悬索的计算与三铰拱的计算有何异同之处？

3. 悬索在沿跨度和索长度均布荷载作用下的变形和内力有什么特点？

4. 什么是悬索变形协调方程？它对悬索实际计算问题的求解有什么作用？

习　　题

15-1　试计算图示悬索支反力和各索段内力。假设各索段均为直线,索自重不计。

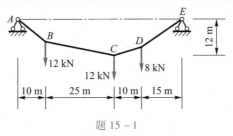

题 15-1

15-2　试计算图示支承屋盖悬索的最大拉力。(a)按悬链线计;(b)按抛物线计。悬索自重为 0.135 kN/m。

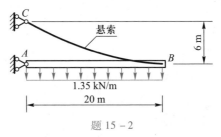

题 15-2

提示:先按 $\sum M_A = 0$ 求出 F_{CH},再取悬索 CB 作为隔离体求解。

15-3　图示抛物线悬索桥跨度 $l = 30$ m,桥自重(包括索重)传至悬索时按均布荷载 $q_0 = 8$ kN/m计,跨中初始垂度 $f_0 = 3$ m,当车队通过时按 $\Delta q = 20$ kN/m 计。试求这时悬索张力水平分量 F_H 及跨中垂度增量 Δf。已知悬索横截面 $A = 4\,044$ mm^2,$E = 166.6$ GPa。

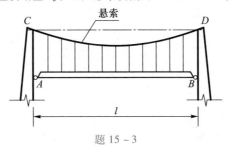

题 15-3

答　案

15 – 1　$F_H = 24.6$ kN

15 – 2　（a）$F_{Tmax} = 47.407$ kN，

　　　　　（b）$F_{Tmax} = 47.406$ kN

15 – 3　$F_H = 1\ 029.316$ kN，

　　　　　$\Delta f = 0.060$ m

附录 I　下册自测题

A　组

一、是非题　若认为"是",在括号内画〇;若认为"非"则画×。

1. n 次超静定梁或刚架必须出现 $n+1$ 个塑性铰才可能成为破坏机构。(　)

2. 任何两端弹性支座压杆的临界荷载都不会大于对应的(即杆长、材料、截面均相同)两端固定压杆的临界荷载。(　)

3. 当简谐干扰力的频率远大于结构的自振频率时,其影响与静力荷载大体相同。(　)

二、选择题　选择正确答案的字母写在括号内。

4. 若考虑剪力和轴力的影响,截面的极限弯矩的数值将(A)增大;(B)减小;(C)不变;(D)可能增大也可能减小,与剪力和轴力的正负号有关。(　)

5. 图示三根梁的 EI、l 相同,均在中点有一集中质量 m,若将三者的自振频率由低到高排队,则顺序应是:(A)a,c,b;(B)b,c,a;(C)b,a,c;(D)a,b,c。(　)

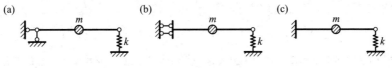

题 A – 5

6. 图示结构失稳时有左柱弯右柱不弯和左柱不弯右柱弯两种形式,两种失稳形式可能同时出现的条件是:(A)$I_1 = I_2$;(B)$I_1 = I_2/\pi^2$;(C)$I_1 = \pi^2 I_2$;(D)$I_1 = 3I_2/\pi^2$。(　)

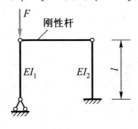

题 A – 6

三、填空题

7. 图示阶梯状变截面梁的极限荷载是 $F_u = $ _____。

8. 图示两体系的振动自由度(杆件的质量和轴向变形忽略不计)分别是(a)$n = $
_____;(b)$n = $ _____。

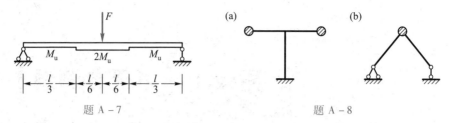

题 A-7　　　　　　　　　题 A-8

9. 第一类失稳(分支点失稳)的特征是原有平衡形式成为不稳定的而出现_____形式;第二类失稳(极值点失稳)的特征是原有平衡形式并不发生质的改变,而是荷载不增加甚至减少,变形仍_____以致丧失承载能力。求临界荷载的基本方法有两种,即_____法和_____法。

四、计算题

10. 试求图示刚架的极限荷载。

11. 试用静力法求图示压杆的稳定方程(特征方程)。

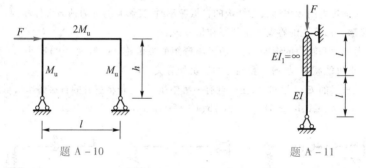

题 A-10　　　　　　　　　题 A-11

12. 图示刚架横梁刚度可视为无穷大,重量 $W = 98$ kN(已包括电动机和柱的部分重量),柱的 $EI = 6 \times 10^4$ kN·m^2, $l = 6$ m,电动机转速为 360 r/min,由偏心质量产生的离心力 $F = 1$ kN。试求纯受迫振动时横梁的最大水平位移,不计阻尼。

13. 试求图示刚架的自振频率和主振型并绘振型图。

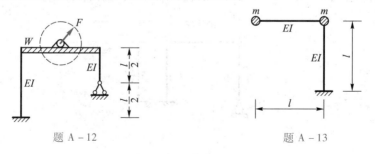

题 A-12　　　　　　　　　题 A-13

B　　组

一、是非题　若认为"是",在括号内画○;若认为"非"则画×。

1. 塑性铰处的弯矩值可以小于极限弯矩值。(　　)

2. 初速度愈大,自振频率愈大。(   )

3. 在共振区内,阻尼对振幅的影响不明显。(   )

二、选择题   选择正确答案的字母写在括号内。

4. 所谓结构的振动自由度是指确定结构的(A)全部结点位置;(B)全部杆件的位置;(C)全部质点位置;(D)全部动力荷载作用点的位置,所需的独立几何参数数目。(   )

5. 用能量法求图示压杆的临界荷载时,设挠曲线用正弦级数表示,若只取两项,则应采用:(A)$y = a_1 \sin \dfrac{\pi x}{l} + a_2 \sin \dfrac{2\pi x}{l}$;(B)$y = a_1 \sin \dfrac{\pi x}{l} + a_2 \sin \dfrac{3\pi x}{l}$;(C)$y = a_1 \sin \dfrac{\pi x}{l} + a_2 \sin \dfrac{3\pi x}{2l}$;(D)$y = a_1 \sin \dfrac{\pi x}{2l} + a_2 \sin \dfrac{3\pi x}{2l}$。(   )

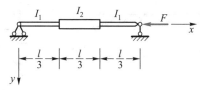

题 B－5

6. 图示等截面梁实际出现的破坏机构形式是(   )。

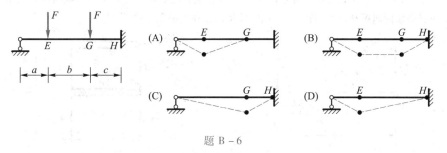

题 B－6

三、填空题

7. 梁在竖直平面内弯曲,横截面如图,其塑性截面系数为 $W_s =$ _____ mm³;若材料的屈服极限为 $\sigma_s = 240$ MPa,则截面的极限弯矩 $M_u =$ _____ kN·m。

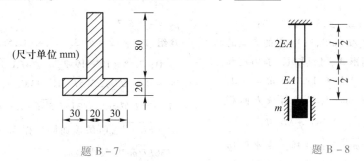

题 B－7   题 B－8

8. 图示结构杆件质量略去不计,其自振频率 $\omega =$ _____。

9. 已知图示结构的第一振型向量为$(1\quad 5)^T$,则可推定第二振型向量为$(1\quad\underline{\quad})^T$;用振型分解法求解时,对应于第一振型的广义质量是_____;广义荷载是_____。

四、计算题

10. 试求图示连续梁的极限荷载F_u。

11. 试求图示刚架失稳时的临界荷载F_{cr}。

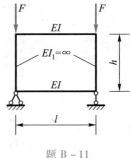

题 B–9

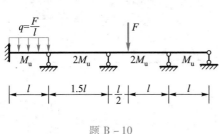

题 B–10

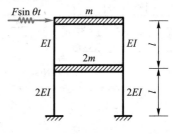

题 B–11

12. 试求图示结构的自振频率,弹簧刚度$k = 3EI/l^3$。

13. 图示刚架横梁刚度为无穷大,在第二层楼面处受简谐干扰力作用。试问在什么情况下两层楼面同向振动,什么情况下两层楼面反向振动? 阻尼忽略不计。

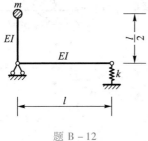

题 B–12

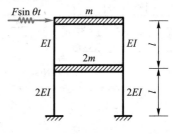

题 B–13

答　案

A组:1. ×;2. ○;3. ×;4. B;5. C;6. D;7. $6M_u/l$;8. 3,1;9. 新的有质的区别的平衡形式,继续增长,静力法和能量法;10. $2M_u/h$;11. $\tan nl = -nl$;12. $-0.237\,\text{mm}$(与水平荷载方向相反);13. $\omega_1 = 0.749\sqrt{EI/ml^3}$, $\omega_2 = 2.140\sqrt{EI/ml^3}$,若以两质点水平位移为$y_1$(以向右为正),左边质点竖向位移为$y_2$(以向上为正),则$\rho_1 = 2.230$,$\rho_2 = -0.897$

B组:1. ×;2. ×;3. ×;4. C;5. B;6. D;7. 8×10^4, 19.2;8. $\sqrt{4EA/3ml}$;9. -0.4, $27m$, $3.5F$;10. $11M_u/l$;11. $12EI/hl$;12. $\sqrt{24EI/5ml^3}$;13. $\theta < \sqrt{36EI/ml^3}$时两层楼面同向振动,$\theta > \sqrt{36EI/ml^3}$时反向振动

附录Ⅱ 索 引

（按汉语拼音顺序）

参 考 文 献

[1] 朱慈勉,张伟平.结构力学:上册[M].2 版.北京:高等教育出版社,2009.

[2] 朱慈勉,张伟平.结构力学:下册[M].2 版.北京:高等教育出版社,2009.

[3] 龙驭球,包世华.结构力学教程:Ⅰ[M]. 北京:高等教育出版社,2000.

[4] 龙驭球,包世华.结构力学教程:Ⅱ[M]. 北京:高等教育出版社,2001.

[5] 王焕定,章子茂,景瑞.结构力学:Ⅰ[M].2 版.北京:高等教育出版社,2004.

[6] 王焕定,章子茂,景瑞.结构力学:Ⅱ[M].2 版.北京:高等教育出版社,2004.

[7] Anil K. Chopra. 结构动力学理论及其在地震工程中的应用[M].2 版. 谢礼立,吕大刚,等,译.北京:高等教育出版社,2008.

[8] 中华人民共和国住房和城乡建设部.建筑抗震设计规范(2016 年版):GB 50011—2010[S].北京:中国建筑工业出版社,2016.

李廉锟 1940 年毕业于清华大学土木系。1944 年获美国麻省理工学院科学硕士学位。1946 年回国后先后在湖南大学、中南土木建筑学院和长沙铁道学院任教授和土木系、数理力学系主任。长期为本科生和研究生讲授结构力学、弹性力学、土力学、基础工程、钢筋混凝土、钢木结构和结构设计理论等课程。以教风严谨,教学效果优良著称。

20 世纪 70 年代初期,在武汉桥梁工程期刊上发表连载文章,比较系统地介绍有限单元法的原理和应用,是我国最早引进和推广有限单元法的学者之一。

曾编写和主编结构力学、土力学及地基基础等教材五部。其中,1983 年由高等教育出版社出版的《结构力学》(第二版)获 1987 年国家教委优秀教材二等奖;1996 年由高等教育出版社出版的《结构力学》(第三版)获 2000 年铁道部优秀教材二等奖。